YIFANG's
handmade

一起來吃早餐

宜手作
YIFANG's handmade

積木文化

Contents

早餐不設限

宜手作

YIFANG's handmade

大家常說，早餐最重要，早餐一定要吃，而且要好－好－吃！

　　但實際的情況是，我看到很多身邊的朋友或家庭，並沒有好好地享用早餐，因為無法早起、因為沒有時間、因為太麻煩、因為……。

　　所以大多數人的早餐都仰賴早餐店或便利商店，買一份早餐在車上吃，或到學校、到公司再邊做事邊吃。外食早餐雖然便利，但食材的好壞、營養與衛生卻不能掌握，況且用餐的地點和方式也會影響心情，這樣的早餐，真的能「好好吃」嗎？

　　我自己是在國中時才發覺早餐對身體有很大的影響，國三的時候因為課業壓力重，每天很晚才回到家，隔天一早又要考試，在睡眠不足的情況下很難有食慾。

　　某天，早餐吃了兩口就急忙出門，到了第二節下課，突然頭暈、全身無力，肚子又餓到咕嚕咕嚕叫，於是趕緊去福利社買了一包芭樂吃，身體迅速好轉，連精神都回來了，那是我人生中第一次體驗到低血糖的震撼，也體認到生活作息不佳會造成的影響。

　　但真的了解早餐的重要性則是當媽媽之後，每天眼睛一睜開，就有好多事要做，如果空腹，或是隨便亂吃，最後導致的惡果都會反撲在身體健康上。

　　因此我們家有一個規定：每天都要在家吃完早餐才能去上學或上班。出門前，都要有半小時的早餐時間，不要趕、不要急，慢慢吃，要好好享用早餐。

　　可是真的很難早起，或是根本沒時間準備早餐，該怎麼辦？

　　這跟我在《一起帶·冷便當》裡提到的一樣：盡量調整作息，事先備料。因為要早起，所以將睡眠時間提前。因為沒有太多時間，所以先將食材備好。

每天都要吃。該怎麼做變化？

　　這本書裡想跟大家傳達的是，早餐可以很多元，早餐可以不設限，除了我們最常使用的吐司和麵包外，其實米飯和麵食也是很好的早餐選擇之一，加上各種豐富的蔬菜、肉類與水果，變化後可以做出數十種或是更多的早餐食譜。就像在教學時一樣，我都會跟學生說，不要將創意設限，不要讓廚藝受限，利用身邊常見的食材，做出屬於自己的餐點，早餐也是一樣。

　　希望這本書能激發出讀者更多的創意，也能讓大家開始為自己早晨的第一餐做出變化與改變。

常見麵包種類

Bread

善用市售麵包

　　因為是全職媽媽，我的兩個小孩從小和我形影不離，而廚房是我們常常一起相處的地方。有一陣子我每天都會烤麵包，當時才一歲還不太會走路的兒子就坐在娃娃餐椅上看我揉麵團，通常我會分一點麵粉讓他一起體驗，如果姐姐沒上學，就會在旁邊當我的小助手。

　　很難有人可以抗拒剛烤好的麵包香，尤其是自己親手揉出來的，在烘烤過程中，麵包香氣已四散滿屋，加上孩子們期待的神情與烤好後享用的表情，是我們親子間最美的回憶之一。

　　隨著小孩長大，我在廚房的工作也由烘焙變成了便當料理，不過在台灣街角各處都有麵包店，無論歐式、日式或是台式，各種麵包都很容易買到，讓早餐增添更多選擇，也更好運用。

以下為本書用到的各式麵包，運用上的差別只在於口感與料理過程。

① 歐式麵包	⑥ 法國長棍
② 巧巴達（拖鞋）麵包	⑦ 小餐包
③ 吐司	⑧ 可頌
④ 皮塔餅	⑨ 貝果
⑤ 佛卡夏	⑩ 小圓法國

④

⑦

⑧

⑧

⑦

①

②

⑤

⑨

③

⑥

⑩

[早餐好搭檔 #2]

水果與飲品
Fruit and Drinks

水果

為了營養均衡又要能夠省時，水果和各種飲品是最適合的搭配。有些人一早起床沒胃口，水果和飲品可幫助開胃，同時為早餐添加更多風味。

挑選水果和購買蔬菜一樣，以當季生產為主，另外如果是早餐食用，盡量不要選太甜、太酸或屬性較寒的水果，避免空腹吃了之後引起腸胃不適。

・打成果汁

有些水果水分多，榨汁後營養又好喝，例如柳橙汁。也可以將新鮮水果切成小塊，加水之後用攪拌棒或果汁機打成鮮果汁，例如鳳梨蘋果汁、芭樂汁、葡萄汁等等。

・果汁牛奶

大部分的水果和牛奶都很搭，將水果加入牛奶打成水果牛奶，纖維和鈣質一起補充，例如木瓜牛奶、香蕉牛奶、酪梨牛奶等等。

・果醬或淋醬

有些水果適合拿來做果醬或淋醬，果醬可以抹在麵包上吃，淋醬則可加在沙拉或優格一起食用。

飲品

市面上的飲料選擇多，購買方便，但挑選時盡量選擇加工少、成分簡單的飲品，以前看過有些早餐店居然販售汽水和可樂，實在令人捏把冷汗啊。

除了市售的現成飲品，以及新鮮水果製成的飲品，也可以參考以下種類。

・茶飲

溫和的茶飲的確和早餐很搭，茶本身也能解膩，三餐都適合，茶和咖啡裡的咖啡因也有助於提神。

・咖啡

現在越來越多人會自己沖泡咖啡，早上準備早餐時隨手沖一杯，非常方便。不過茶和咖啡還是比較適合成人，若是要準備給小朋友的早餐飲品，建議豆漿或牛奶會比較好。

・調味熱飲

天氣冷的時候，可以在熱牛奶、熱豆漿或杏仁茶裡加一些堅果，打成飲品，讓身體暖和。堅果富含維生素 B，對身體健康很有助益。

好用器具
Kitchen Tools

琺瑯器具

　　琺瑯是金屬表面鍍玻璃材質，有非常好的導熱與保溫效果，材質輕，好清洗，適合各種食材，且不會殘留食物的味道，因此非常值得入手。

　　琺瑯也適用各種爐具，可以直火加熱，本書中有利用琺瑯盒製作雞胸肉料理，也有利用琺瑯盒烘烤麵包與鹹派。除了烹煮，拿來當備料用的保鮮盒也非常適合。

煮水壺

　　早晨煮咖啡或泡茶，可以使用小型的煮水壺，每次煮適量的水，節能也環保。

平底鍋

平底鍋可在瓦斯爐或電磁爐上加熱，亦可放入烤箱，適合某些先煎再烤的料理。

＊注意：把手需為金屬材質，若是木頭或塑膠千萬不可進烤箱。

收納保鮮盒

事先備料可以節省早上製作早餐的時間，放入適當的容器，有助於存放，建議準備有蓋的保鮮盒，盡量不要太大，讓不同類的食材分開保存，確保食材不會相混而改變質地與味道。

① 玻璃：不可直火加熱，可微波。（蓋子通常為塑膠材質，不可加熱微波）
② 不鏽鋼：不可微波。
③ 琺瑯：可直火加熱，不可微波。

外帶容器與包裝

Take Out Container

① 餐盒或便當盒

　　使用餐盒的好處是內容物不易因為擠壓而變形，並且可以帶有點湯汁的食物。如果是熱食，建議不要用塑膠餐盒，冷食則沒有限制。

② 環保餐袋

　　這是近幾年開發的新商品，用耐熱的環保素材製成袋子，方便收納與攜帶，可重複使用，還可裝各式食物，連湯麵都沒問題。

③ 紙袋

　　食物用紙袋可在烘焙材料行或包裝材料行買到，但只能裝乾性食物。

④ 三明治袋

　　三明治袋一樣可以在烘焙材料行或包裝材料行買到，因可以完整包覆三明治，能保持三明治的完整度，食用時好拿也方便。

⑤ 夾鏈袋

　　比起三明治袋或紙袋，夾鏈袋更好購得，同時夾鏈袋的密封效果更好，可以防止食物倒出或味道釋出。

⑥ 烘焙紙

　　烘焙紙因為可以隔絕水氣和油脂，也適合裝外帶早餐，例如簡單的麵包或飯糰，或是將三明治包好，再用麻繩綁起，就是時下流行的文青風。

⑤

③ ④

①

Fried Chicken

⑥

①

『1』

人氣吐司

家裡也可以是早餐屋！
復刻經典早餐，用更好的食材做出更健康的美味早餐。

Breakfast #1

挖洞吐司

材料　分量 **1** 人份

吐司‧2 片
蛋‧1 顆
火腿‧1 片
奶油‧少許
鹽‧適量
黑胡椒粉‧適量

作法

［前一晚］

1. 將一片吐司平放在工作檯上，圓形的模具放在吐司中間，用力壓下，形成一個圓洞。

2. 另一片吐司抹上奶油，鋪上火腿片，蓋上作法①的吐司，放入保鮮盒中冷藏。

［當天］

3. 取出作法②的吐司，將蛋打在中間圓洞，再撒上鹽和黑胡椒粉，送入已預熱的烤箱，以200度烤15分鐘即完成。

Breakfast #2

吐司 PIZZA

材料‧分量 **1** 人份

厚片吐司‧1 片
蘑菇‧20 公克
小番茄‧3 顆
蘆筍‧20 公克
火腿‧30 公克
蒜末‧1 小匙
鹽‧1/2 小匙
黑胡椒粉‧1/2 小匙
番茄醬‧1 大匙
起司絲‧1 大匙

作法

［前一晚］

1. 火腿切丁，蘑菇切片，蘆筍切段。

2. 平底鍋加熱，加油，鍋子熱了之後放入作法①的火腿丁拌炒，火腿丁推到一邊，鍋子的另一邊放入蒜末和蘑菇煎香，再放入蘆筍，撒入鹽和黑胡椒粉整鍋炒勻，放涼後盛入保鮮盒內冷藏。

［當天］

3. 小番茄對切。

4. 吐司表面抹上番茄醬，鋪上作法②及作法③的小番茄，再蓋滿起司絲，送入已預熱的烤箱，以230度烤6分鐘即完成。

Breakfast #3

厚蛋吐司

材料　分量 **1** 人份

吐司·2 片
蛋·2 顆
美乃滋·1 大匙
花生醬·1/2 大匙

作法

1. 將蛋打入碗內，加入美乃滋後拌勻。

2. 玉子燒鍋加熱，加油，倒入作法①的蛋液，用筷子攪動蛋液（圖1），讓蛋液加速變熟。

3. 蛋液七分熟時將蛋對折，形成方形（圖2），煎熟後取出備用。

4. 吐司進烤箱烤過之後，抹上花生醬，夾入厚蛋，用保鮮膜包好，對切即完成。

Breakfast #4

法式吐司

材料　分量 **1** 人份

厚片吐司·1 片
蛋·1 顆
牛奶·50ml
糖·1 小匙
奶油·少許
鮮奶油·少許
水果·少許

作法

［前一晚］

1. 吐司沿對角切成四個三角形。

2. 在保鮮盒內將蛋打散，再加入牛奶和糖打勻，放入作法①的吐司，讓吐司吸附蛋液，放入冰箱冷藏。

［當天］

3. 平底鍋加熱，放入奶油，轉中火，放入作法②的吐司（圖1），在鍋內煎熟後盛起。

4. 將作法③置於盤中，擠上鮮奶油，加上水果即完成。

熱狗吐司

材料　分量 **1** 人份

吐司‧2片
熱狗‧2條
生菜‧2片
黃芥末醬‧1小匙
美乃滋‧1大匙

作法

1. 平底鍋加熱，加一點油，轉中小火，放入熱狗，煎到表面金黃。

2. 將黃芥末醬和美乃滋混合，均勻抹在吐司上。

3. 每片吐司鋪上一葉生菜，中間放入作法①的熱狗，將吐司捲起，用牙籤固定後切成喜歡的長度即完成。

Breakfast #6

雙重起司吐司

材料　分量 **1** 人份

吐司·2 片
莫札瑞拉起司·30 公克
巧達起司·30 公克
奶油·30 公克

作法

1. 平底鍋加熱，放入奶油融化，將吐司放入煎到表面酥脆（圖 1、2）。

2. 在吐司上放入兩款起司，蓋上另一片吐司，再將外層煎到酥脆即完成。

Breakfast #7

烤肉吐司

材料　分量 **1** 人份

豬里肌肉片·2～3片（薄片）
高麗菜·2片

A
醬油·1/2 大匙
米酒·1 小匙
糖·1 小匙
白胡椒粉·1 小匙

吐司·2 片
奶油·5 公克

作法

［前一晚］

1. 里肌肉片放在砧板上，用刀背拍打數次斷筋。

2. 將［A］放入保鮮盒中混合均勻，再放入作法①的里肌肉片醃漬，置於冰箱冷藏。

3. 高麗菜洗淨後切細絲，放入保鮮盒中冷藏。

［當天］

4. 平底鍋加熱，加油，取出作法②的肉片煎熟。

5. 吐司放入烤箱烤到酥脆，抹上奶油，鋪上作法③的高麗菜絲和作法④的肉片即完成。

YIFANG'S NOTE

吐司抹上奶油是為了隔絕餡料的水氣，讓吐司不會太濕軟並保有酥脆感。若要帶出門野餐或帶便當更不能省略此步驟。

Breakfast #8

蛋沙拉吐司

材料　分量 **1** 人份

吐司·2 片
蛋·2 顆

A
美乃滋·1 大匙
黃芥末醬·1/2 小匙
鹽·1/2 小匙
糖·1/2 小匙

奶油·5 公克

作法

［前一晚］

1. 蛋煮熟後去殼，將蛋白和蛋黃分開。

2. 蛋黃放入小碗，用叉子將蛋黃壓成細粒狀，加入［A］攪拌後再將蛋白切碎放入拌勻，置於冰箱冷藏。

［當天］

3. 吐司抹上奶油，放上作法②的蛋沙拉，再蓋上另一片吐司即完成。

Breakfast #9

培根蛋吐司

材料　分量 **1** 人份

吐司‧2 片
培根‧2 條（約 40 公克）
蛋‧1 顆
奶油‧適量
黑胡椒粉‧少許

作法

1. 平底鍋加熱，將培根放入煎到表面金黃後取出，再打入蛋，以培根逼出的油煎蛋，蛋熟後取出。
2. 吐司烤過後抹上奶油，鋪上作法①的蛋和培根，再撒上黑胡椒粉即完成。

Breakfast #10

火腿蛋吐司

材料　分量 **1** 人份

吐司‧2 片
火腿‧2 片
蛋‧1 顆
奶油‧適量

作法

1. 平底鍋加熱，放入火腿，兩面各煎 1 分鐘後取出，再加一點油，蛋打入鍋內煎熟。
2. 吐司烤過後抹上奶油，將作法①的火腿和蛋放上去就完成了。

Breakfast #11

起司蛋吐司

材料　分量 **1** 人份

吐司‧2 片
蛋‧1 顆
起司片‧2 片
奶油‧適量

作法

1. 平底鍋加熱，加油，將蛋打入煎熟後取出。
2. 吐司烤過後抹上奶油，鋪上起司片和煎好的蛋，再蓋上 1 片起司片即完成。

Breakfast #12

草莓奶油蛋吐司

材料 分量 **1**人份

吐司·2片
蛋·1顆
有鹽奶油·10公克
草莓醬·1大匙

作法

1. 吐司放入烤箱烤到酥脆，一片抹上奶油，一片抹上草莓醬。

2. 平底鍋加熱，加油，將蛋煎熟。

3. 將作法②的蛋夾入兩片吐司中即完成。

YIFANG'S NOTE

甜甜的草莓醬加上鹹鹹的奶油，配上一顆荷包蛋，意外迸出新滋味，是小時候最喜歡的吐司口味之一。除了草莓果醬，橘子果醬或是藍莓果醬也很搭。（奶油記得要用有鹽奶油喔！）

Breakfast #13

鮪魚蛋吐司

材料 分量 **1**人份

吐司·2片
奶油·10公克
蛋·1顆
小黃瓜·半條
鮪魚罐頭（小罐）·120公克
黑胡椒粉·1小匙

作法

［前一晚］

1. 小黃瓜切薄片。

2. 將鮪魚罐頭的油或水分去除後放入料理盆，加入黑胡椒粉拌勻，放入冰箱冷藏。

［當天］

3. 平底鍋加熱，加油，將蛋煎熟。

4. 同一個平底鍋，加熱，放入奶油，奶油融化後放入吐司煎到酥脆。

5. 在作法④的吐司上放作法③煎好的蛋，再鋪上作法②的鮪魚醬及作法①的小黃瓜片即完成。

吐司

自製吐司雖然會花點時間，但吐司的材料成分可以由自己把關，不用擔心有其他添加物。如果對烘焙有興趣，吐司也是非常重要的入門款，製作吐司沒有特殊的技巧，只要家中有中型烤箱，都能完成。趕快來試試看吧！

材料

高筋麵粉 · 2 杯（260 公克）
水 · 180ml
糖 · 25 公克
鹽 · 4 公克
酵母 · 3 公克
橄欖油 · 15ml

製作小訣竅

• 如果家裡有現成的琺瑯盒或是不鏽鋼盒就可以拿來做吐司，不需要另外再買吐司膜。
• 麵團要揉到表面均勻光滑，烤出來的吐司會更好吃。

［吐司製作步驟］

1-1

1-2

2

1. 將所有食材放入料理盆拌勻。
2. 拌成團後，用手揉至麵團均勻光滑。

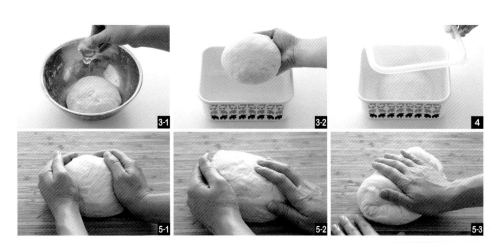

3. 在麵團表面抹上一層油，放回琺瑯盒中。

4. 蓋上蓋子，靜置發酵 40 分鐘。

5. 發酵完成後（麵團應該膨脹成 2 倍），取出麵團放在工作檯上揉捏，排出空氣。

6. 將麵團分成兩等分，每份用擀麵棍擀平後捲起。

7. 琺瑯盒放入烘焙紙，再放入麵團。

8. 蓋上蓋子，靜置發酵 30 分鐘。

9. 發酵完成後，將作法⑧放入已預熱的烤箱，以 180 度烤 35 分鐘即完成。

〖2〗
香濃麵包湯

一早起床需要來點熱熱的湯暖暖胃，
加個麵包，就是營養又飽足的早餐好選擇。
這一系列的湯品可以前一晚就煮好，
早上起床加熱後搭配麵包就可以上桌囉！

menu

巧達麵包濃湯 / 白花椰蔬菜麵包湯 /
甜豆麵包濃湯 / 南瓜肉片麵包湯 / 雞肉麵包濃湯 /
牛肉洋蔥麵包濃湯 / 番茄大蒜麵包湯

巧達麵包濃湯

材料　分量 **2** 人份

洋蔥 · 1/2 顆
馬鈴薯 · 1/2 顆
熟文蛤 · 40 公克
奶油 · 15 公克
中筋麵粉 · 1 大匙
牛奶 · 100 ml
水 · 600ml
鹽 · 1 小匙
麵包 · 2 片

作法

［前一晚］

1. 洋蔥切小丁，馬鈴薯洗淨削皮切小丁。

2. 湯鍋加熱，放入奶油，奶油融化後放入作法①的洋蔥丁和馬鈴薯丁，拌炒至香味出現。

3. 慢慢分次加入麵粉，快速拌勻，不要讓麵粉結塊，加入牛奶，持續攪拌均勻。

4. 再加入水，放入熟文蛤，加鹽調味，煮滾後轉小火，蓋上蓋子煮 20 分鐘即完成，放涼後冷藏。

［當天］

5. 將麵包烤到酥脆。

6. 將湯加熱後盛入碗裡，再放上麵包即完成。

Breakfast #15

白花椰蔬菜麵包湯

材料　分量 **2 人份**

白花椰菜 · 120 公克
洋蔥 · 1/2 顆
番茄 · 半顆
培根 · 80 公克
雞高湯或水 · 600ml
鹽 · 2 小匙
黑胡椒粉 · 1 小匙
麵包 · 2 片

Tips · 白花椰菜
花椰菜泡水 10 分鐘，
可以讓菜蟲「溺水」，
浮出水面喔！

作法

[前一晚]

1. 白花椰菜泡水 10 分鐘，取出後切小株，培根切小丁，洋蔥切絲，番茄切丁。

2. 湯鍋加熱，放入作法①的培根煎到出油，再放入洋蔥、番茄和白花椰菜拌炒。

3. 加入高湯或水，加鹽調味，煮滾後轉小火，煮 10 分鐘即完成，放涼後置於冰箱冷藏。

[當天]

4. 將麵包烤到酥脆。

5. 湯加熱後盛入碗裡，撒上黑胡椒粉，再放上麵包即完成。

甜豆麵包濃湯

材料　分量 **2** 人份

甜豆仁‧150 公克
馬鈴薯‧200 公克
洋蔥‧80 公克
奶油‧5 公克
高湯或水‧800ml
鹽‧2 小匙
黑胡椒粉‧少許
麵包‧2 片

Tips‧甜豆仁
使用新鮮的甜豆仁最
好，若沒有也可以用
冷凍或是罐頭代替。

作法

[前一晚]

1. 馬鈴薯洗淨後削皮，切成塊狀，泡水 5 分鐘後取出。

2. 洋蔥切絲。

3. 湯鍋加熱，放入奶油融化，再放入作法②的洋蔥絲炒軟，加入作法①的馬鈴薯和甜豆仁炒香。加高湯或水，加鹽調味，煮滾後轉小火，煮 20 分鐘。關火，用食物調理器將湯料打成泥狀，放涼後放入冰箱冷藏。

[當天]

4. 將麵包烤到酥脆。

5. 湯加熱後盛入碗裡，撒上黑胡椒粉，再放上麵包即完成。

Breakfast #17

南瓜肉片麵包湯

材料　分量 **2** 人份

南瓜‧120 公克
大蒜‧3 瓣
火鍋肉片‧100 公克
高湯或水‧700ml
醬油‧1 小匙
鹽‧1 小匙
白胡椒粉‧1 小匙
麵包‧2 片
黑胡椒粉‧適量

Tips‧火鍋肉片
肉片請使用較薄的火
鍋肉片，若太大片，
可切成適口大小，比
較好食用。

作法

[前一晚]

1. 南瓜切成小塊狀，大蒜切片。

2. 湯鍋加熱，加油，依序放入作法①的蒜片、南瓜和肉片炒香，加入高湯或水，
再加入醬油、鹽、白胡椒粉調味，煮滾後轉小火，煮 15 ～ 20 分鐘即完成，
放涼後置於冰箱冷藏。

[當天]

3. 將麵包烤到酥脆。

4. 湯加熱後盛入碗裡，撒上黑胡椒粉，再放上麵包即完成。

雞肉麵包濃湯

材料　分量　**2**人份

雞肉・150 公克
紅蘿蔔・1/2 根
高麗菜・80 公克
奶油・20 公克
黃芥末醬・1 大匙
鹽・2 小匙
白胡椒粉・適量
水・700ml
麵包・2 片

作法

[前一晚]

1. 紅蘿蔔洗淨後削皮,滾刀切小塊。高麗菜洗淨後用手撕成小塊。

2. 取一湯鍋,加熱,放入奶油融化,再放入雞肉煎到香氣出來,加入作法①的紅蘿蔔一起拌炒。

3. 加水,煮滾後轉小火,再煮 20 分鐘。

4. 加入作法②的高麗菜、黃芥末醬,再加鹽和白胡椒粉調味,繼續滾煮 10 分鐘即完成,放涼後置於冰箱冷藏。

[當天]

5. 將麵包烤到酥脆。

6. 湯加熱後盛入碗裡,再放上麵包即完成。

YIFANG'S NOTE

- 雞肉塊可以使用雞的各個部位,尤其是平常不太使用的雞腳有豐富的膠質,用來煮這道濃湯不但營養,也能善用食材。

- 黃芥末醬是很多人冰箱都會出現的醬料,但卻不知如何使用,其實黃芥末醬很能提味,和肉類也很搭,加入濃湯中,不僅增加層次感,也更美味。

牛肉洋蔥麵包濃湯

材料　分量 2 人份

洋蔥．1 顆
牛雪花肉片．120 公克
高湯或水．700ml
鹽．1 小匙
起司粉．1/2 大匙
麵包．2 片

Tips．炒洋蔥
洋蔥炒至深褐色，可以增加更多的香味與甜味。

作法

[前一晚]

1. 洋蔥切細絲，牛肉片切小塊。

2. 湯鍋加熱，加油，油熱了之後放入作法①的洋蔥快速拌炒，慢慢將洋蔥水分炒乾，顏色變成深褐色（小心不要炒焦）。

3. 放入作法①的牛肉片炒到七分熟，加入高湯或水，加鹽和起司粉調味，湯煮滾後轉小火，滾煮 20 分鐘，直到湯汁變濃稠即完成，放涼後置於冰箱冷藏。

[當天]

4. 將麵包烤到酥脆。

5. 湯加熱後盛入碗裡，再放上麵包即完成。

Breakfast #20

番茄大蒜麵包湯

材料　分量 **2** 人份

番茄·1 顆
大蒜·6 瓣
高湯或水·700ml
鹽·1/2 小匙
黑胡椒粉·少許
法國麵包·3 片

Tips · 番茄大蒜湯底
番茄和大蒜都能增加抵抗力，看似簡單的湯，功效極大。此湯也可當成咖哩的湯底或是用來煮火鍋都適合。

作法

［前一晚］

1. 番茄切小塊，大蒜切片。

2. 平底鍋加 1 小匙橄欖油，放入作法①的蒜片和番茄拌炒，加入高湯或水，加鹽調味。小火滾煮 15 分鐘，放涼後置於冰箱冷藏。

［當天］

3. 將麵包烤到酥脆。

4. 湯加熱後盛入碗裡，撒上黑胡椒粉，再放上麵包即完成。

〔3〕

秒殺麵包

台灣麵包店林立，麵包種類選擇多，
買回家後加點食材做變化，每天都能吃到不同風味的早餐。

menu

蘋果麵包＋香蕉麵包 / 地瓜泥抹醬麵包 /
菇菇蛋麵包 / 雞肉三角酥 / 番茄香菜 Bruschetta /
番茄蛋麵包 / 蘋果雞肉帕尼尼 / 鮪魚蘋果餐包 /
番茄起司佛卡夏 / 水果布丁 /
番茄起司牛肉貝果 / 麵包布丁 / 吐司杯

蘋果麵包＋香蕉麵包

材料　分量 **1** 人份

麵包 · 2 片
蘋果 · 1/2 顆
香蕉 · 1/2 根
奶油 · 5 公克
糖 · 適量
奶油起司 · 30 公克

作法

1. 蘋果洗淨對切，去籽後切薄片。香蕉剝皮後切片。

2. 平底鍋以中小火加熱，放入奶油，放入作法①的蘋果和香蕉，均勻撒上糖（圖1），煎到表面金黃後取出（圖2）。

3. 每片麵包抹上奶油起司，擺上煎好的蘋果和香蕉即完成。

Breakfast #22

地瓜泥抹醬麵包

材料 分量 **1** 人份

貝果·1 個
地瓜·100 公克

A
　奶油·10 公克
　起司絲·10 公克
　糖·1 小匙

作法

［前一晚］

1. 地瓜洗淨後削皮切塊，放入電鍋蒸熟。

2. 趁熱將作法①的地瓜取出，加入 [A] 拌勻，放入保鮮盒中冷藏。

［當天］

3. 貝果橫切成兩片，抹上作法②，放入已預熱的烤箱，以 200 度烤 3 ～ 5 分鐘即可。

Tips·地瓜也可以改用南瓜取代，做成南瓜泥抹醬。如果地瓜或南瓜蒸熟後產生很多水分，需先把水分倒出再壓成泥。

菇菇蛋麵包

材料　分量 **1**人份

切片法國麵包・2片
鴻喜菇・1朵
奶油・5公克
蛋・2顆
牛奶・20ml
鹽・1小匙
黑胡椒粉・適量

作法

[前一晚]

1. 鴻喜菇去除根部，用手撥成小株，放入保鮮盒中冷藏。

[當天]

2. 將蛋打在碗裡，加入牛奶和鹽調味。

3. 平底鍋加熱，放入作法①，煎到鴻喜菇出水、表面有點金黃，關火，放入奶油拌勻，盛起。再加油潤鍋，將作法②的蛋液倒入煎熟。

4. 在法國麵包上鋪作法③的蛋和菇菇，再撒上黑胡椒粉即完成。

雞肉三角酥 材料 分量 2人份

酥皮· 1 片
水煮雞胸肉· 120 公克*
白醬· 60 公克*
甜豆仁· 30 公克
紅蘿蔔· 30 公克
黃芥末醬· 2 小匙
鹽· 1 小匙
黑胡椒粉· 1/2 小匙
蛋液· 少許

*水煮雞胸肉
 作法請參見 P73
*白醬作法
 請參見 P89。

作法

［前一晚］

1. 紅蘿蔔削皮後切小丁。水煮雞胸肉切小塊。

2. 小湯鍋加入適量的水，放入作法①的紅蘿蔔丁和甜豆仁，以小火滾煮 5 分鐘後撈起。

3. 將白醬、作法①的雞胸肉、作法②的紅蘿蔔和甜豆仁放在料理盆中，加入黃芥末醬、
   鹽和黑胡椒粉調味後拌勻。

4. 取出酥皮，放上作法③，以斜對角方式對折，三角形對折的兩邊用叉子壓出痕跡，
   表面再用叉子插出數個小洞，放入保鮮盒冷藏。（請參見 P130）

［當天］

5. 取出作法④的雞肉三角酥，表面刷上一層蛋液，放入已預熱的烤箱，以 200 度烤 10
   分鐘即完成。

Breakfast #25

番茄香菜 Bruschetta

材料	分量 **1** 人份

切片法國麵包・3 片

番茄・1/2 顆

洋蔥・1/4 顆

香菜・10 公克

鹽・1/2 小匙

黑胡椒粉・少許

橄欖油・1/2 大匙

起司絲・20 公克

作法

［前一晚］

1. 番茄和洋蔥切小丁，香菜切碎，放入保鮮盒中冷藏。

［當天］

2. 取出作法①，加鹽和黑胡椒粉調味，淋上橄欖油後拌匀。

3. 將作法②鋪滿在麵包上，再鋪上起司絲，送入已預熱的烤箱，以 200 度烤 7 分鐘即完成。

Tips・如果不喜歡香菜的味道，也可以用九層塔取代。

Breakfast #26

番茄蛋麵包

材料　分量 1 人份

麵包‧2 片
小番茄‧5 顆
蛋‧3 顆
牛奶‧30ml
鹽‧1 小匙
奶油‧10 公克
黑胡椒粉‧適量

作法

［前一晚］

1. 番茄洗淨後輪切，大約切 1 公分厚。

［當天］

2. 將蛋打入碗裡，加入牛奶和鹽拌勻。

3. 平底鍋加熱，加油，油熱了之後將作法②的蛋倒入，煎熟後取出。

4. 同一鍋，加入奶油，放入作法①的番茄煎到表面有點焦即可。

5. 麵包上先鋪作法③的蛋，再放上作法④的番茄，撒上黑胡椒粉就完成了。

Breakfast #27

蘋果雞肉帕尼尼

材料 分量 **1** 人份

水煮雞胸肉・1 片（125 公克）*
鹽・1/2 小匙
白胡椒粉・1/2 小匙
蘋果・1/4 顆
綠花椰菜・40 公克
起司絲・40 公克
拖鞋麵包・1 個
奶油・10 公克

*水煮雞胸肉作法請參見 P73。

作法

［前一晚］

1. 雞胸肉切薄片，放入保鮮盒中冷藏。

2. 蘋果不削皮，切薄片泡鹽水（分量外）後取出。綠花椰菜切小株，汆燙後瀝乾。放入保鮮盒中冷藏。

［當天］

3. 取出作法①的雞胸肉，將表面水分擦乾。

4. 拖鞋麵包對切成兩片，抹上奶油，鋪上 1/2 的起司絲，再鋪上作法③的雞胸肉、作法②的蘋果及綠花椰菜，撒上鹽和白胡椒粉後再鋪上 1/2 的起司絲（圖 1），最後蓋上另一片拖鞋麵包。

5. 烤盤加熱，抹上奶油，放上作法④的麵包（圖 2），鋪上一層烘焙紙，上面再用重物壓住（圖 3），將整個麵包壓扁，適時換面再煎，直到兩面金黃即完成（圖 4）。

Tips：烤盤要抹點奶油，才能讓麵包烤成金黃色。如果沒有烤盤也可以用平底鍋代替。

鮪魚蘋果餐包

材料 分量 **1** 人份

小餐包‧2個
蘋果‧1/2顆
鮪魚罐頭‧100公克
生菜‧2片
美乃滋‧1大匙
奶油‧適量
黑胡椒粉‧1小匙

作法

[前一晚]

1. 蘋果洗淨切開，去籽後切小塊，泡鹽水（分量外）5分鐘，取出瀝乾。

2. 打開鮪魚罐頭，將罐內的油或水分擠出，取出鮪魚肉和作法①的蘋果一起放入保鮮盒中冷藏。

[當天]

3. 取出作法②，加入美乃滋和黑胡椒粉拌勻。

4. 餐包放入烤箱稍微烤過，從中間切開，抹上奶油，夾入生菜，再放入作法③即完成。

Breakfast #29

番茄起司佛卡夏

材料　分量 **1** 人份

佛卡夏‧1 片
番茄‧1/2 顆
生菜‧1 片
起司片‧1 片
蜂蜜芥末醬‧1/2 大匙
美乃滋‧1/2 大匙

作法

［前一晚］

1. 將蜂蜜芥末醬和美乃滋調勻後冷藏。

2. 生菜洗淨、番茄切片，放入保鮮盒中冷藏。

［當天］

3. 佛卡夏對切成 2 片，抹上作法①。

4. 在一片佛卡夏上依序鋪作法②的生菜、番茄片及起司片，最後蓋上另一片佛卡夏，用牙籤固定即完成。

Tips‧佛卡夏外型扁平，口感鬆鬆軟軟，還有一點點淡淡的香料風味，非常適合用來夾三明治。

Breakfast #30

水果布丁

材料　分量 **4** 人份

A
中筋麵粉・1/2 杯
（65 公克）
糖・1/4 杯
鹽・1 小匙

牛奶・250ml

蛋・3 顆

蘋果・1 顆

藍莓・60 公克

糖粉・1/2 大匙

作法

1. 將 [A] 放入料理盆拌勻，打入蛋，再加入牛奶後拌成麵糊，靜置備用。

2. 蘋果對切去籽後切薄片。

3. 烤盤抹油，將作法②切好的蘋果鋪平，均勻撒上藍莓（圖 1）。

4. 將作法①的麵糊倒入作法③的烤盤（圖 2）。

5. 送進已預熱的烤箱，以 180 度烤 40 分鐘取出，食用前撒上糖粉就完成了。

1　　　　2

YIFANG'S NOTE

· 製作麵糊時可以先將麵粉過篩，麵糊較不易結塊。

· 水果布丁酸酸甜甜，非常適合夏日早餐。台灣夏季水果盛產，可以用同樣的麵糊基底，嘗試放入各種不同的水果，如鳳梨、芒果等，創造出口味豐富的水果布丁。

番茄起司牛肉貝果

材料　分量 **1** 人份

牛絞肉・100 公克
番茄・1 顆
洋蔥・1/2 顆
起司絲・1 大匙
貝果・1 個
鹽・適量
黑胡椒粉・適量

作法

[前一晚]

1. 洋蔥和番茄洗淨後分別切丁。

2. 平底鍋加熱，加油，放入作法①的洋蔥炒香，放入牛絞肉拌炒到半熟，加鹽和黑胡椒粉調味，加入番茄丁，並將牛肉炒熟，讓湯汁盡量炒乾，放涼後放入保鮮盒中冷藏。

[當天]

3. 貝果橫向對切，鋪上作法②的牛肉餡，再鋪上一層起司絲，送入已預熱的烤箱，以 180 度烤 10 分鐘即完成。

Breakfast #32

麵包布丁

材料　分量 **4**人份

A
牛奶‧240ml
蛋‧1顆
糖‧15 公克

歐式麵包‧1 個
草莓‧70 公克
奇異果‧1 顆

Tips‧吃不完或是快過期
的麵包，正好可以拿來做
這道麵包布丁喔！

作法

1. 將［A］放入料理盆混勻。

2. 烤盤抹油，將麵包切成塊狀後放入。

3. 草莓對切，奇異果削皮切片，放入作法②的烤盤內（圖1）。

4. 將作法①的蛋液倒入作法③的烤盤（圖2）。

5. 放入已預熱的烤箱，以 180 度烤 45 分鐘即完成。

Breakfast #33

吐司杯

材料　分量 **1** 人份

吐司・1 片
奶油・適量
火腿・1 片
生蛋黃・1 顆
白醬・1/2 大匙 *
鹽・少許
黑胡椒粉・少許

＊白醬作法請參見 P89。

作法

［前一晚］

1. 火腿切小丁。

2. 布丁杯或烤盅內部抹薄薄一層奶油。

3. 吐司去邊，吐司均勻抹上奶油，奶油面朝上塞入布丁杯內（圖1）。

4. 依序放入作法①的火腿丁（圖2）、蛋黃，撒上鹽和黑胡椒粉（圖3），最上層填滿白醬（圖4），放入保鮮盒中冷藏。

［當天］

5. 取出作法④的吐司杯，送入已預熱的烤箱，以 180 度烤 15 分鐘即完成。

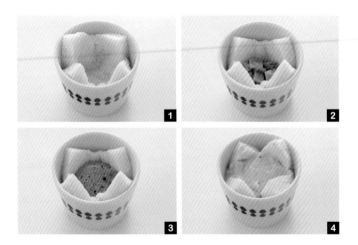

YIFANG'S NOTE

• 沒有白醬可以用起司絲代替。

• 吐司杯的內餡也可以自己做變化，請試看看甜甜的口味：將碎巧克力放入鋪了吐司的吐司杯，鋪上切片香蕉，放入已預熱烤箱，以 200 度烤 10 分鐘，就是香噴噴的巧克力香蕉吐司杯了。

『4』

蔬果輕食

在太陽起得比我早的炎炎夏日，
或是想多吃點蔬果的早晨，
我都會準備這類早餐，讓家人無負擔的迎接清爽的一天。

Breakfast #34

水果優格

材料　分量 **1** 人份

藍莓・10 公克
奇異果・1 顆
草莓・3 顆
優格・1 杯（120 公克）
蜂蜜・1/2 大匙

作法

1. 藍莓洗淨瀝乾，奇異果削皮後切丁，草莓洗淨對切。

2. 取一玻璃杯，放入藍莓、草莓，填入優格，最上層鋪上奇異果，最後淋上蜂蜜即完成。

Tips・優格請挑選無糖口味，若能自製就更好囉。水果也可依時令或是喜愛更改。

Breakfast #35

洋蔥圈蛋＋紅椒圈蛋

1

材料　分量 **1**人份

洋蔥・1圈
紅椒・1圈
蛋・2顆
鹽・適量
黑胡椒粉・適量

作法

1. 洋蔥輪切，約 1 公分厚，將內圈洋蔥用手推出，取最外圈使用。

2. 紅椒洗淨後輪切，約 1 公分厚，將內部囊籽去除（圖1）。

3. 平底鍋加熱，加油，放入作法①的洋蔥圈和作法②的紅椒圈，在中間打入蛋，轉小火，加鹽和黑胡椒粉，沿鍋邊淋一點點水，蓋上鍋蓋，慢慢將蛋煎熟即完成。

Tips・洋蔥和紅椒輪切面要平整，蛋液倒入後才不會流出。

醋飯鮮蝦沙拉杯

材料　分量 **1** 人份

白飯‧1 碗
蘋果醋‧1/2 大匙
蝦仁‧6 尾
蒜末‧2 小匙
鹽‧1 小匙
香菜‧適量

作法

1. 白飯趁熱拌入蘋果醋，拌勻後用鋁箔紙蓋起，靜置 10 分鐘。
2. 蝦仁洗淨後擦乾。平底鍋加熱，加油，油熱了之後放入蝦仁，撒鹽和蒜末，將蝦仁煎熟後取出。
3. 取一玻璃杯，放入作法①的醋飯，填入作法②的蝦仁，再放上洗淨的香菜即完成。

鮪魚馬鈴薯沙拉杯

材料　分量 **1** 人份

馬鈴薯‧50 公克
甜豆仁‧30 公克
水煮蛋‧1 顆
鮪魚罐頭‧100 公克
鹽‧1/2 小匙
黑胡椒粉‧少許
橄欖油‧1/2 大匙

作法

［前一晚］

1. 起一鍋水，加鹽（分量外），水滾後放入甜豆仁燙 1 分鐘，取出後冰鎮，瀝乾，放入保鮮盒中冷藏。
2. 馬鈴薯洗淨削皮切小丁，放入燙甜豆的滾水中，小火滾煮 5 分鐘，馬鈴薯軟了之後撈起，放入冰水冰鎮，瀝乾，放入保鮮盒中冷藏。
3. 水煮蛋切碎，放入保鮮盒中冷藏。

［當天］

4. 鮪魚罐頭打開後，取出鮪魚，加入鹽和黑胡椒粉拌勻。
5. 取一玻璃杯，放入作法②的馬鈴薯丁，放入作法④的鮪魚，再放入作法①的甜豆，最上層鋪上作法③的水煮蛋，淋上橄欖油即完成。

Breakfast #38

高麗菜烘蛋

材料 分量 **1** 人份

高麗菜・50 公克
紅蘿蔔・20 公克
蛋・2 顆
牛奶・40ml
起司絲・1 大匙
鹽・1 小匙

作法

[前一晚]

1. 高麗菜洗淨後切絲，紅蘿蔔洗淨削皮後切絲，一起放入保鮮盒中冷藏。

2. 蛋打散，加入牛奶、鹽拌勻，放入冰箱冷藏。

[當天]

3. 烤盤上抹油，鋪上作法①的高麗菜絲和紅蘿蔔絲，倒入作法②，表面再鋪上起司絲。

4. 送入已預熱的烤箱，以 200 度烤 12 分鐘即完成。

Breakfast #39

櫛瓜煎餅

材料 分量 **1**人份

櫛瓜・200 公克

| 中筋麵粉・200 公克
| 牛奶・100ml
A | 蛋・1 顆
| 糖・2 小匙
| 鹽・2 小匙

奶油・少許

作法

［前一晚］

1. 將［A］混合均勻製作成麵糊,放入冰箱冷藏。

2. 櫛瓜洗淨,輪切,每片約 1 公分厚,放入保鮮盒中冷藏。

［當天］

3. 平底鍋加熱,放入奶油融化,將作法②的櫛瓜放入鍋中,倒入作法①的麵糊,將麵糊煎熟即完成。

Breakfast #40

牛排沙拉

材料 分量 **1** 人份

牛小排 · 200 公克	鹽 · 1 小匙	橄欖油 · 15ml
紫洋蔥 · 1/4 顆	白胡椒粉 · 1 小匙	巴薩米克醋 · 5ml
奶油 · 5 公克	生菜 · 適量	蒜酥 · 1 大匙

作法

［前一晚］

1. 牛小排兩面撒鹽和白胡椒粉後放入冰箱冷藏。

2. 生菜洗淨後瀝乾，紫洋蔥切細絲，放入保鮮盒中冷藏。

3. 將橄欖油和巴薩米克醋調勻作成油醋醬，放入小瓶內。

［當天］

4. 牛小排取出後先靜置 10 分鐘回溫。

5. 平底鍋加熱，放入奶油，鍋子熱了之後放入牛小排，不要急著翻動，待油脂被逼出來後再翻面，將牛小排煎熟後取出。

6. 生菜撕小塊，和洋蔥、蒜酥拌勻後放入盤中。

7. 作法⑤的牛小排切塊，放在作法⑥上，再淋上作法③的油醋醬即完成。

Breakfast #41

南瓜鹹蛋沙拉

材料　分量 **1** 人份

南瓜·100 公克
奶油·10 公克
生菜·40 公克
小番茄·5 顆
鹹蛋·1 顆
橄欖油·1 大匙
黑胡椒粉·適量
鹽·適量

作法

[前一晚]

1. 南瓜切成片狀，放入保鮮盒冷藏。

2. 生菜洗淨後瀝乾切段，小番茄對切，放入保鮮盒冷藏。

[當天]

3. 平底鍋加熱，轉小火，放入奶油，奶油融化後放入作法①的南瓜，撒入鹽，將南瓜兩面煎到金黃即可取出。

4. 將作法②的生菜、小番茄放入盤內，再放上作法③的南瓜，最後鋪上切成小塊的鹹蛋，淋上橄欖油和黑胡椒粉即完成。

Tips·煎南瓜時，若覺得太乾，可以加一點點水讓南瓜更快熟透。

水煮雞胸肉

無論任何一餐，蛋白質的攝取都是重點。雞胸肉的蛋白質含量高，脂肪少，營養豐富，是各個年齡層或是健身時最適合的肉類之一，但提到雞胸肉，很多人都擔心會太柴、太乾、不好吃。在這個專欄裡，提供一個簡易的水煮雞胸肉方法，讓雞胸肉吃起來口感軟嫩。每次可以煮 2～3 塊雞胸肉，放在冰箱冷藏備用，需要時取出，就能節省很多料理時間。

材料

雞胸肉·2 塊	鹽·2 小匙
薑片·2 片	水·500ml（或能將
青蔥·1 根	雞胸肉淹過即可）

製作小訣竅

- 雞胸肉如果太厚可以切薄一些較易熟。
- 烹煮或冷藏雞胸肉的過程中，水一定要淹過雞胸肉。
- 雞胸肉使用完，泡肉的湯汁可以當高湯使用。

［水煮雞胸肉製作步驟］

1. 在琺瑯鍋中放入水、薑片、蔥、鹽。
2. 再放入雞胸肉（水要淹過雞胸肉）。
3. 開火加熱，將慢慢出現的浮沫撈起。

＊書中使用水煮雞胸肉的料理請參見 P49〈雞肉三角酥〉、P52〈蘋果雞肉帕尼尼〉、P78〈鹹派〉、P88〈通心粉沙拉〉、P144〈茄汁雞肉餐包〉。

4. 煮滾後馬上關火，靜置放涼。
5. 蓋上蓋子，放入冰箱冷藏，隨時取用。（可冷藏 5～7 天）

『5』

簡易麵食

麵食的總類多，烹煮方式多元，看似午晚餐的形式，
但只要將分量稍微減少一些，當早餐也很適合喔！

Breakfast #42

鮭魚筆管麵

材料　分量 **1** 人份

筆管麵・100 公克
鮭魚・100 公克
綠花椰菜・40 公克
橄欖油・少許
奶油・10 公克
中筋麵粉・1 大匙
牛奶・100ml
黃芥末醬・20ml
鹽・1 小匙
黑胡椒粉・1 小匙
起司片・3 片

作法

［前一晚］

1. 綠花椰菜分切，洗淨，起一鍋水，加入 2 小匙鹽（分量外），水滾了之後將綠花椰菜放入氽燙 1 分鐘，取出冰鎮，瀝乾後放入保鮮盒中冷藏。

2. 同一鍋水，放入筆管麵，將麵煮熟，撈出冰鎮一下，瀝乾後拌入橄欖油，放入保鮮盒中冷藏。

3. 鮭魚切成一口大小，撒少許鹽和白胡椒粉（分量外）後靜置 10 分鐘，再將鮭魚煎熟放涼，放入保鮮盒中冷藏。

［當天］

4. 鍋子加熱，放入奶油融化，慢慢加入麵粉，一邊加一邊攪拌，不要讓麵粉結塊，接著慢慢倒入牛奶，一樣不停攪拌，做成白醬（請參見 P89）。

5. 加入黃芥末醬、鹽、黑胡椒粉調味，再放入起司片、作法②的筆管麵、作法①的綠花椰菜和作法③的鮭魚，拌勻即可。

YIFANG'S NOTE

・除了鮭魚之外，雞肉或是蝦子也很適合這道食譜。

・如果沒有筆管麵，其他的義大利麵，如天使細麵、蝴蝶麵、通心粉等等，也都很適合，建議麵煮好後用冷水沖一下或是用冰水冰鎮，將表面澱粉洗去，麵條就比較不會黏在一起。

鹹派

材料　分量 **2**人份

酥皮·3 張

水煮雞胸肉·120 公克*

洋蔥·50 公克

南瓜·60 公克

波菜·20 公克

小番茄·30 公克

高湯或水·100ml

鹽·2 小匙

黑胡椒粉·1 小匙

A　蛋·2 顆

　　牛奶·50ml

　　鹽·1 小匙

起司絲·2 大匙

＊水煮雞胸肉作法請參見P73。

作法

[前一晚]

1. 雞胸肉切小塊，洋蔥切丁，南瓜削皮去籽切小塊。小番茄對切，菠菜洗淨切小段。

2. 平底鍋加熱，加油，放入洋蔥和南瓜拌炒，加入雞胸肉，加入高湯或水將南瓜炒軟，加鹽和黑胡椒粉調味，盛起，放涼後裝入保鮮盒冷藏。

[當天]

3. 將 [A] 混合均勻。

4. 琺瑯盒鋪上烘焙紙，再鋪上酥皮（圖1）。

5. 用叉子將酥皮底部叉出小洞（圖2），將作法②均勻排在酥皮上，放入作法①的菠菜和小番茄，淋上作法③（圖3），撒上起司絲（圖4）。

6. 送入已預熱的烤箱，以200度烤20分鐘即完成。

YIFANG'S NOTE

現成的冷凍酥皮各大超市都有販售。酥皮不要太早拿出來退冰，使用前10分鐘再取出即可。

Breakfast #44

煎餃

材料　分量 **60** 顆

水餃皮·60 張
高麗菜·400 公克
絞肉（肥瘦比 2：8）·600 公克

A
｜蝦乾（切碎）·1 大匙
｜蔥花·3 大匙
｜薑末·1/2 大匙
｜蒜末·1/2 大匙
｜醬油·1/2 大匙
｜香油·1/2 大匙

B
｜中筋麵粉·1 大匙
｜水·10 大匙

香油·少許

作法

［前一晚］

1. 高麗菜切碎放入料理盆內，撒鹽（分量外）翻動後靜置 20 ～ 30 分鐘，讓高麗菜釋出水分。

2. 取另一個料理盆，放入絞肉，在盆內甩肉讓肉產生黏性，再加入［**A**］。

3. 將作法①的高麗菜擠乾水分後放入作法②，把所有材料拌勻即完成內餡。

4. 將餡料包入水餃皮，包好後放入冷凍庫冷藏。

［當天］

5. 平底鍋加熱，加油，放上水餃後沿著鍋邊將［**B**］倒入（圖 1、2），煮滾後蓋上鍋蓋悶煮大約 7 分鐘。

6. 開蓋讓水分蒸發，水分變少後，在煎餃周圍淋上香油，煎到水分蒸乾就完成了。

YIFANG'S NOTE

· 如果沒有時間包水餃，用市售冷凍水餃也可以。冷凍水餃不用先拿出來退冰，直接放在平底鍋中煎即可。

· 想要做出冰花效果（脆底薄膜，如圖 2），麵粉和水的比例是 1：10。

菠菜香腸義大利麵

材料 分量 **1** 人份

義大利麵‧250 公克
橄欖油‧1 大匙
德式香腸‧2 條
洋蔥‧1/3 顆
菠菜‧50 公克
蒜末‧1 大匙
黑胡椒粉‧1 小匙

作法

[前一晚]

1. 義大利麵放入加了鹽（分量外）的水中煮熟，撈起後沖冷水瀝乾，放入保鮮盒，淋上橄欖油拌勻，蓋上蓋子後冷藏。

2. 洋蔥切絲，菠菜洗淨後切段，德式香腸斜切，全部放入保鮮盒中冷藏。

[當天]

3. 平底鍋加熱，加油，放入蒜末、作法②的洋蔥炒香，再放入德式香腸煎到表面金黃。

4. 在作法③加入作法①的義大利麵、黑胡椒粉和一點水，起鍋前放入菠菜，拌炒均勻即完成。

油麵煎餅

材料　分量 **1** 人份

油麵・70 公克
火鍋肉片・50 公克
紅蘿蔔絲・10 公克
蔥花・5 公克
蛋・1 顆
海苔片・1 包
二砂糖・1 小匙
鹽・適量
白胡椒粉・1 小匙

作法

［前一晚］

1. 火鍋肉片切小片，海苔片用手撕小片。

2. 將油麵、作法①的肉片、海苔、紅蘿蔔絲、蔥花以及蛋放入保鮮盒裡，再加入鹽、糖和白胡椒粉調味，拌勻後冷藏。

［當天］

3. 取出做法②，打入蛋拌勻。

4. 平底鍋加熱，加油，將作法③的油麵分成四等份，每份用手抓起，在兩手中捏緊，將空氣擠出，再放入鍋內，先不要急著翻面，待麵餅成型後再小心翻面，兩面都煎到金黃就完成了。

Tips・這種脆脆的油麵口感是我個人很喜歡的一種吃法，別有一番風味。

Breakfast #47

培根蔬菜蛋餅

材料　分量 **1** 人份

蛋餅皮・1 片
蛋・1 顆
培根・3 條
小白菜・20 公克

作法

［前一晚］

1. 小白菜洗淨後切小段，放入保鮮盒中冷藏。

［當天］

2. 平底鍋加熱，加油，放入蛋餅皮將兩面煎到變色後取出。

3. 鍋中放入培根，將培根煎到酥脆後取出。

4. 在鍋內打入蛋，放入作法①的小白菜，蓋上作法②的蛋餅皮，讓蛋、蔬菜與蛋餅皮黏合。

5. 將蛋餅翻面，放上作法②的培根，將蛋餅捲起，再切段即完成。

Breakfast #48

泡菜牛肉蛋餅

材料　分量 **1** 人份

蛋餅皮・1 片
蛋・1 顆
牛雪花肉片・100 公克
醬油・1 小匙
二砂糖・1 小匙
泡菜・100 公克
蛋・1 顆

作法

［前一晚］

1. 牛雪花肉片切成小段。

2. 平底鍋加熱，放入牛雪花肉片，加醬油和二砂糖拌炒。

3. 放入泡菜一起拌炒至肉熟後取出，放入保鮮盒冷藏。

［當天］

4. 平底鍋加熱，加油，放入蛋餅皮將兩面煎到變色後取出。

5. 鍋內打入蛋，放入作法③的泡菜牛肉。

6. 再蓋上作法④的蛋餅皮，均勻壓平，待蛋熟了之後翻面，慢慢捲起再切段就完成了。

饅頭夾蛋

材料　分量 **1**人份

饅頭・1個
蛋・1顆
美奶滋・適量
小黃瓜絲・適量

作法

1. 平底鍋加油，加熱，打入蛋，加鹽調味，煎熟。
2. 將蒸好的饅頭橫向對切，抹上美奶滋，夾入作法①的荷包蛋，再放上小黃瓜絲即完成。

Breakfast #50

起司蔥花饅頭

材料　分量 **1**人份

饅頭・1個
蔥花・1大匙
起司片・1片

作法

1. 起司切長條狀。

2. 蒸好的饅頭表面切成格紋狀（圖1），在縫隙中塞滿起司及蔥花（圖2、3）。

3. 放入已預熱的烤箱，以200度烤5分鐘即完成。

Breakfast #51

鹹蛋煉乳饅頭

材料　分量 **1**人份

饅頭・1個
煉乳・1大匙
鹹蛋・1顆

作法

［前一晚］

1. 鹹蛋剝開後將蛋白和蛋黃分別切碎。

2. 平底鍋加熱，加油，將蛋黃煎到起泡，再放入蛋白炒勻，關火後加入煉乳拌勻，盛入保鮮盒冷藏。

［當天］

3. 將蒸好的饅頭橫向對切，抹上作法②的鹹蛋煉乳醬，送進已預熱的烤箱，以180度烤5分鐘，即完成。

通心粉沙拉

材料 分量 **1** 人份

通心粉・40 公克
水煮雞胸肉・80 公克 *
蘆筍・50 公克
水煮蛋・1 顆
橄欖油・適量
鹽・1 小匙
美乃滋・2 大匙
黃芥末醬・1 小匙

＊水煮雞胸肉作法請參見 P73。

作法

［前一晚］

1. 雞胸肉撥成絲，放入保鮮盒中冷藏。

2. 水煮蛋切小塊，蘆筍切段氽燙，放入保鮮盒中冷藏。

3. 通心粉放入加鹽（分量外）的滾水中煮熟，煮好後沖冷水再瀝乾，放入保鮮盒，淋上橄欖油拌勻後冷藏。

［當天］

4. 將作法①的雞胸肉、作法③的通心粉及作法②的蘆筍、水煮蛋，放入料理盆內。

5. 加入鹽、美乃滋和黃芥末醬，將所有食材拌勻即完成。

白醬

白醬可以讓料理有濃稠與滑順的效果,適時的使用白醬可以讓食物變化更多、更美味。大多數人會買市售的白醬來使用,但其實自製白醬一點都不難,只要把握快速攪拌、小火烹煮的原則,就能輕鬆製作喔!

材料

奶油·30 公克	鹽·1 小匙
中筋麵粉·2 大匙	黃芥末醬·1/2 大匙
牛奶·200ml	

製作小訣竅

- 製作白醬時鍋子的溫度不要太高,以免燒焦,必要時可先關火。
- 麵粉可以先過篩,做出的白醬會更細緻滑順。

［白醬製作步驟］

1. 鍋子加熱,放入奶油融化。

2. 轉小火,慢慢分次撒入麵粉,一邊撒一邊攪拌,讓奶油和麵粉完整混合不會結塊。

3. 關火,慢慢加入牛奶,一樣慢慢加,一邊加一邊攪拌。

4. 開小火,持續攪拌,拌成滑順的泥狀而不結塊。

5. 此時白醬已完成,如果希望白醬有味道,可加入鹽和黃芥末醬調味。

6. 裝入容器,放涼後放入冰箱冷藏。白醬可冷藏 3 天,但建議儘早使用完畢。

＊書中使用白醬的料理請參見 P49〈雞肉三角酥〉、P60〈吐司杯〉、P76〈鮭魚筆管麵〉、P94〈白醬蝦仁蓋飯〉、P113〈焗烤花椰菜〉。

PART

〖6〗

香 Q 米飯

早餐吃飯也很好喔！
早餐不是只有醬菜配稀飯，還有很多白飯的變化料粿，
如米 Pizza、燉飯、蓋飯等等，一大早吃飯既健康又有飽足感，
讓你開啟元氣滿滿的一天！

〔 menu 〕

米 PIZZA / 丁香魚蓋飯 / 白醬蝦仁蓋飯 /
烘米蛋 / 台式稀飯 / 荷包蛋飯＋蒸煮蔬菜 /
茄汁鯖魚蓋飯 / 青菜雞肉燉飯 /
起司玉米飯餅 / 小魚滑蛋粥 / 壽司捲 /
豆豉炒豆干蓋飯 / 味噌湯泡飯 /
南瓜肉末蓋飯 / 番茄皮蛋肉末蓋飯

米 PIZZA

材料　分量　**1** 人份

鴻喜菇·30 公克
芥藍花·60 公克
蒜片·3 片
鹽·1 小匙
番茄醬·1 大匙
起司絲·30 公克
白飯（隔夜飯）·1 碗

作法

［前一晚］

1. 鴻喜菇用手剝成小株，芥藍花洗淨切小段。

2. 平底鍋加熱，加油，放入蒜片爆香，放入作法①的鴻喜菇和芥藍花，加鹽調味，炒勻後取出，放入保鮮盒中冷藏。

［當天］

3. 烤盤抹油，放入白飯，盡量壓平壓緊（圖 1）。

4. 抹上番茄醬（圖 2），鋪上作法②（圖 3），再鋪上起司絲（圖 4），送入已預熱的烤箱，以 200 度烤 10 分鐘即完成。

YIFANG'S NOTE

利用隔夜飯來製作這道料理，不但能解決剩飯的問題，又能讓早餐多一些變化，小孩滿意，媽媽也開心喔！

丁香魚蓋飯

材料 分量 **1** 人份

丁香魚 · 80 公克
柴魚片 · 10 公克
花生粒 · 50 公克
蒜末 · 1 小匙
辣椒 · 適量
二砂糖 · 適量
醬油 · 1/2 大匙
白飯 · 1 碗

作法

[前一晚]

1. 鍋子加熱，加油，放入丁香魚炒到表面水分乾掉。

2. 加入蒜末、辣椒和花生拌炒。

3. 加二砂糖和醬油，將糖炒到融化。

4. 起鍋前放入柴魚片炒勻，放涼後置於保鮮盒冷藏。

[當天]

5. 將作法④蓋在白飯上即完成。

白醬蝦仁蓋飯

材料 分量 **1** 人份

蝦仁 · 200 公克
洋蔥 · 40 公克
奶油 · 15 公克
鹽 · 1 小匙
白胡椒粉 · 1 小匙
海苔粉 · 少許
白飯 · 1 碗

作法

[前一晚]

1. 蝦仁洗淨後擦乾，撒鹽（分量外）和白胡椒粉。洋蔥切絲。放入冰箱冷藏。

[當天]

2. 平底鍋加熱，加入奶油，放入作法①的蝦仁煎到表面變紅，放入洋蔥絲拌炒，加鹽調味。

3. 在作法②中輕輕撒入麵粉，將麵粉炒到沒有結塊，再慢慢分次加入牛奶，持續攪拌，直到形成濃稠白醬即可（作法請參見 P89）。

4. 將作法③蓋在白飯上，最後撒上海苔粉就完成了。

Breakfast #56

烘米蛋

材料　分量　**1** 人份

蛋‧2 顆
蘑菇‧6 顆
青椒‧30 公克
牛奶‧30ml
鹽‧1 小匙
起司絲‧30 公克
白飯（隔夜飯）‧1 碗

作法

[前一晚]

1. 蘑菇對切，青椒洗淨後切絲。

2. 平底鍋加熱，加油，放入蘑菇炒香，加入青椒絲炒勻後取出，放入保鮮盒冷藏。

[當天]

3. 將蛋打在碗裡，加入牛奶和鹽打勻。

4. 烤盤抹油，放入白飯，盡量壓平壓緊，倒入作法③的蛋液，鋪上作法②的蘑菇和青椒，再撒上起司絲。

5. 送入已預熱的烤箱，以 200 度烤 15 分鐘即完成。

台式稀飯　材料　分量 1人份

白飯‧1碗
水‧2碗
蛋‧1顆
麵筋罐頭‧1/3罐
菜心罐頭‧1/3罐
豆支‧15公克
豆腐乳‧1塊
玉筍‧15公克
鹽‧少許

作法

1. 將白飯和水放入鍋內，用電鍋蒸煮。

2. 麵筋罐頭打開後，取出裡面的湯汁1大匙，打入蛋
   拌勻，再用平底鍋煎成炒蛋。

3. 麵筋、菜心、豆支、豆腐乳、玉筍分別放入小盤。

4. 待作法①的稀飯煮好後即可食用。

荷包蛋飯

材料　分量 **1** 人份

蛋・1 顆
醬油・1/2 大匙
白飯・1 碗

作法

平底鍋開大火加熱，加油，油熱了之後將蛋打
入，轉中小火，待蛋的邊緣轉成金黃後，翻面，
煎 10 秒後取出，放在白飯上，淋上醬油即完成。

蒸煮蔬菜

材料　分量 **1** 人份

油菜花・100 公克
薑片・2 片
橄欖油・1 大匙
鹽・1 小匙

作法

[前一晚]

1. 油菜花洗淨後瀝乾，放入保鮮盒中冷藏。

[當天]

2. 鑄鐵鍋內放入薑片，放入作法①的油菜花，淋
   上橄欖油，撒鹽，蓋上鍋蓋。

3. 開中火，約 3 分鐘後開蓋，將鍋內食材全部拌
   勻即完成。

茄汁鯖魚蓋飯

材料 分量 **1**人份

鯖魚片・100 公克
番茄・1 顆
蒜・1 瓣
鹽・適量
蔥・1 根
番茄醬・1 大匙
高湯或水・150ml
白飯・1 碗

作法

［前一晚］

1. 鯖魚片抹鹽，放入保鮮盒中冷藏（圖 1）。

2. 番茄洗淨後切小塊。大蒜切片。蔥切小段，蔥白和蔥綠分開，放入保鮮盒中冷藏。

［當天］

3. 用廚房紙巾將作法①的鯖魚表面水分擦乾（圖 2），切塊。

4. 小湯鍋加熱，加油，將作法③切塊的鯖魚放入煎到表面金黃（圖 3）。

5. 放入作法②的蒜片、蔥白、番茄，加入高湯或水（圖4），再加入番茄醬和鹽調味，煮滾後轉小火煮 5 分鐘。

6. 將作法⑤蓋在白飯上，撒上蔥綠即完成。

Tips・各大超市都可以買到去刺的真空包裝鯖魚。

青菜雞肉燉飯 材料 分量 1人份

蒜末・1 小匙

香菇・1 朵

水煮雞胸肉・80 公克*

青江菜・20 公克

高湯或水・200ml

醬油・2 小匙

白胡椒粉・適量

白飯（隔夜飯）・1 碗

*水煮雞胸肉作法請參見 P73。

作法

[前一晚]

1. 雞胸肉撥成絲。香菇切細絲。青江菜洗淨後切小段，放入保鮮盒中冷藏。

[當天]

2. 鍋子加熱，加油，放入蒜末和作法①的香菇炒香。

3. 放入白飯和作法①的雞胸肉絲，加入高湯或水、醬油和白胡椒粉，邊煮邊攪拌，讓飯吸收湯汁呈黏稠狀，起鍋前加入作法①的青江菜拌炒即完成。

Breakfast #61

起司玉米飯餅 材料 分量 1人份

玉米粒・1 大匙
醬油・2 小匙
白胡椒粉・1 小匙
起司絲・1 大匙
白飯（隔夜飯）・1 碗

Tips・也可以取少量作法①放
入平底鍋，壓成薄片狀，煎成
薄餅也很好吃喔。

作法

1. 將白飯放入料理盆內，加入玉米粒、醬油、白胡椒粉和起司絲拌勻。

2. 平底鍋加熱，加油，油熱了之後轉小火，將作法①分成三等分放入鍋內，用鍋鏟或
湯匙將米餅壓扁，兩面煎熟即完成。

小魚滑蛋粥

(材料) (分量) **1** 人份

薑末・1 小匙
魩仔魚・50 公克
小松菜・20 公克
昆布高湯・400ml
蛋・1 顆
鹽・1/2 小匙
白胡椒粉・少許
香油・1 小匙
白飯（隔夜飯）・1 碗

作法

[前一晚]

1. 平底鍋加熱，加油，放入魩仔魚，煎至表面金黃後放入保鮮盒中冷藏。

2. 小松菜洗淨後切小段，放入保鮮盒中冷藏。

[當天]

3. 小湯鍋內放入白飯、高湯，開火加熱，煮滾後轉小火，加入薑末、作法①的魩仔魚和作法②的小松菜滾煮 3～5 分鐘，加鹽和白胡椒粉調味。

4. 在碗裡將蛋打散，淋入作法③，關火。

5. 最後淋上香油即完成。

壽司捲

(材料) (分量) **1** 人份

小黃瓜・1/4 條（切長條狀）
蝦仁・80 公克
鹽・1/2 小匙
白胡椒粉・少許
美乃滋・1/3 大匙
肉鬆・1 大匙
蔥花・1/2 大匙
美乃滋・1/3 大匙
海苔・3 片（6x15 公分）
白飯・1 又 1/2 碗

作法

[前一晚]

1. 蝦仁稍微沖洗擦乾後，剁成蝦泥，加鹽和白胡椒粉拌勻。

2. 平底鍋加熱，加油，將作法①的蝦仁炒熟，盛起後拌入美乃滋，拌勻即成蝦泥醬，放入保鮮盒中冷藏。

3. 將肉鬆和蔥花放入碗裡，加入美奶滋拌勻，即成肉鬆醬，放入保鮮盒中冷藏。

[當天]

4. 竹簾平鋪在工作檯上，鋪上一張海苔，放入 1/2 碗白飯攤平，放上小黃瓜，由下往上捲起。

5. 同作法④，鋪上作法②的蝦泥醬和作法③的肉鬆醬，捲起即完成。

豆豉炒豆干蓋飯　材料　分量 **1人份**

豆干・3 片
豆豉・1/2 大匙

A
| 醬油・1/2 大匙
| 二砂糖・1 小匙
| 白胡椒粉・1 小匙

辣椒・適量
蔥花・適量
白飯・1 碗

作法

［前一晚］

1. 豆豉泡水 10 分鐘後瀝乾。豆干切薄片。辣椒輪切。放入保鮮盒中冷藏。

［當天］

2. 平底鍋加熱，加油，放入作法①的豆干煎到表面金黃，加入豆豉和［A］炒勻，起鍋前再放入辣椒。

3. 將作法②蓋在白飯上，撒上蔥花即完成。

Tips・市售的豆豉有分濕的和乾的，如果買到的是濕的，可以不用泡水直接使用。

Breakfast #65

味噌湯泡飯

材料 分量 **1**人份

水・300ml

小魚乾・10 公克

洋蔥・30 公克

紅蘿蔔・30 公克

豆腐・50 公克

味噌・1/2 大匙

柴魚片・5 公克

白飯（隔夜飯）・1 碗

作法

［前一晚］

1. 洋蔥切絲，紅蘿蔔切絲，放入保鮮盒中冷藏。

［當天］

2. 湯鍋內放入水、作法①的洋蔥絲、紅蘿蔔絲及小魚乾，
   煮滾後將豆腐切小塊放入，小火煮 5 ～ 10 分鐘。

3. 舀 1/2 大匙味噌，連著湯匙輕輕放入湯中，用筷子將湯
   匙上的味噌打散融入湯中。

4. 將作法③舀入白飯中，再撒上柴魚片即完成。

Tips・味噌可依個人喜好做選擇，但建議使用白味噌。

南瓜肉末蓋飯

材料 分量 **1**人份

豬絞肉・100 公克
南瓜・60 公克
蒜末・10 公克

A
醬油・1 小匙
二砂糖・1 小匙
高湯或水・50ml

白飯・1 碗

作法

[前一晚]

1. 南瓜切丁，放入保鮮盒中冷藏。

[當天]

2. 平底鍋加熱，加油，放入蒜末和絞肉炒香，加入 [A] 炒勻。

3. 放入作法①的南瓜一起滾煮，慢慢收汁，待醬汁變濃稠即可。

4. 將作法③蓋在白飯上就完成了。

番茄皮蛋肉末蓋飯

材料 分量 **1**人份

豬絞肉・100 公克
番茄・1/2 顆
皮蛋・1 顆
蒜末・1 小匙

A
醬油膏・1/2 大匙
米酒・1/2 大匙
二砂糖・1 小匙
白胡椒粉・1 小匙

白飯・1 碗

作法

[前一晚]

1. 番茄洗淨後切小丁。皮蛋剝殼後切小塊。放入保鮮盒中冷藏。

[當天]

2. 平底鍋加熱，加油，放入作法①的皮蛋炒到表面變色後取出備用。

3. 同一鍋，再放一點油，炒香蒜末，放入豬絞肉和作法①的番茄拌炒，待番茄出水後加 [A] 調味，炒到醬汁濃稠。

4. 起鍋前放入作法②的皮蛋炒勻。

5. 將作法④蓋在白飯上即完成。

YIFANG'S NOTE

南瓜營養密度高,是一種超級食物,如果連皮吃,可以保留更豐富的膳食纖維。南瓜水分也很多,在烹煮的過程中會慢慢將水分釋出,因此需要多煮一下收汁。

『7』

重量級早餐

今天早上特別餓嗎？那就來點重量級的早餐吧！
或是在放假日的早晨，也可以做一份重量級的早午餐，
悠哉悠哉的享受上午時光。

menu

鮭魚地瓜餅 / 焗烤花椰菜 / 炸起司雞肉捲 /
焗烤菠菜鯛魚番茄盅 / 地瓜絲太陽蛋 / 風琴馬鈴薯 /
寶石牛肉 / 焗烤泡菜年糕 / 彩椒鑲蛋 / 牛肉地瓜餅

鮭魚地瓜餅

材料　分量 **1 人份**

地瓜・80 公克
鮭魚・80 公克
甜豆仁・20 公克

A
| 蛋・1 顆
| 鹽・1/2 小匙
| 白胡椒粉・1/2 小匙
| 中筋麵粉・1/2 大匙

作法

［前一晚］

1. 鮭魚先用鹽、白胡椒粉（分量外）醃 10 分鐘，再將表面水分擦乾。平底鍋加熱，放入鮭魚煎熟。稍微放涼後將鮭魚剝成小塊，並將刺去除。

2. 甜豆仁放入加了鹽（分量外）的滾水燙 30 秒，取出後冰鎮瀝乾。

3. 地瓜洗淨後削皮刨絲，放入料理盆內，加入作法①的鮭魚、作法②的甜豆仁以及［**A**］，拌勻，放入冰箱冷藏。

［當天］

4. 平底鍋加熱，加油，油熱了之後，用湯匙舀出作法③，放入鍋內，兩面大約各煎 3 ～ 4 分鐘即完成。

Breakfast #69

焗烤花椰菜

材料 分量 **1** 人份

綠花椰菜．100 公克
洋蔥．1/2 顆
奶油．10 公克
中筋麵粉．1/2 大匙
牛奶．50ml
鹽．1 小匙
起司絲．15 公克

作法

［前一晚］

1. 洋蔥切絲。綠花椰菜泡水 10 分鐘，取出後切小株，放入
   加鹽（分量外）的滾水中汆燙 1 分鐘，取出瀝乾。

2. 小鍋加熱，放入奶油，融化後放入作法①的洋蔥絲炒香，
   慢慢撒入麵粉，一邊加一邊攪拌，不要讓麵粉結塊。

3. 再一邊攪拌一邊慢慢加入牛奶，形成濃稠的白醬（作法請參
   見 P89），加鹽調味，加入作法①的綠花椰菜拌勻後關火。

4. 烤盅抹油，倒入作法③，鋪上起司絲，放入冰箱冷藏。

［當天］

5. 取出作法④，送入已預熱的烤箱，以 230 度烤 7 分鐘即
   完成。

Breakfast #70

炸起司雞肉捲

材料　分量 **1** 人份

雞胸肉・1 片
片狀起司・1 片
鹽・1 小匙
白胡椒粉・1 小匙
中筋麵粉・1 大匙
蛋液・1 顆
麵包粉・1 大匙

作法

［前一晚］

1. 雞胸肉蝴蝶切（圖 1、2），蓋上塑膠袋或保鮮膜，將肉拍扁拍平（圖 3），撒鹽和白胡椒粉靜置備用。

2. 起司片對切，疊起再對切，切成 1 公分寬長條狀（圖 4）。

3. 將作法②的起司條放在作法①的雞胸肉上，慢慢捲起（圖 5），用力壓緊，擠出空氣，讓肉緊實（圖 6）。

4. 依序裹上麵粉、蛋液、麵包粉，放入保鮮盒中冷藏。

［當天］

5. 將作法④由冰箱取出，熱油鍋，待油溫升至 170 度，慢慢將雞肉放入，炸至表面金黃（約 7 ～ 10 分鐘）取出。

6. 稍微靜置後再切開即完成。

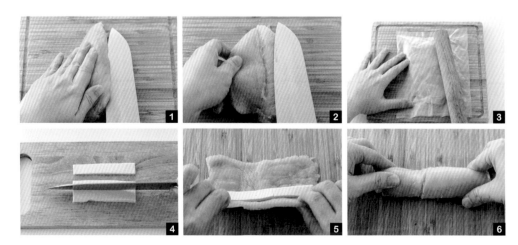

Tips・蝴蝶切就是將雞胸肉平放，由側邊切開但不要整片切斷，讓雞肉攤開後有如兩片黏在一起的蝴蝶翅膀一樣。切開後雞胸肉還是比較厚，建議可以先拍平拍扁會比較好捲。

焗烤菠菜鯛魚番茄盅

材料　分量 **1**人份

番茄‧1顆
鯛魚‧80公克
鹽‧少許
白胡椒粉‧少許
洋蔥‧30公克
菠菜‧15公克
起司絲‧1大匙

作法

[前一晚]

1. 鯛魚切塊，表面撒鹽和白胡椒粉醃 10 分鐘。

2. 洋蔥切小塊，菠菜洗淨後切小段。

3. 平底鍋加熱，加油，放入作法②的洋蔥炒軟，再放入作法①的鯛魚炒熟，最後加入作法②的菠菜稍微拌炒一下即可關火，放涼後放入保鮮盒中冷藏。

[當天]

4. 番茄蒂頭切除，將籽挖出，填入作法③，表面鋪上起司絲。

5. 放入已預熱的烤箱，以 200 度烤 10 分鐘即完成。

Breakfast #72

地瓜絲太陽蛋

材料　分量 **1** 人份

地瓜・50 公克
蛋・1 顆
培根・30 公克
奶油・少許
鹽・少許
橄欖油・1/2 大匙

作法

［前一晚］

1. 地瓜洗淨後削皮刨絲，培根切小丁，淋上橄欖油後拌勻，放入保鮮盒中冷藏。

［當天］

2. 取一圓形小烤盤（直徑約 10 公分），盤內抹奶油，鋪上作法①的地瓜培根，均勻撒鹽。

3. 在作法②正中間稍微挖出一個空間，將蛋打入。

4. 送入已預熱的烤箱，以 200 度烤 15 分鐘即完成。

Tips・可用馬鈴薯取代地瓜。

Breakfast #73

風琴馬鈴薯

材料　分量 **1** 人份

馬鈴薯・1 顆
培根・50 公克
奶油起司・50 公克
奶油・15 公克
起司片・2 片

作法

[前一晚]

1. 培根切小塊，在平底鍋煎到表面金黃，取出備用。

2. 馬鈴薯洗淨，不削皮，取兩根筷子平行放好，將馬鈴薯架在上面，用刀將馬鈴薯切片，不要切斷，每片約 0.2 ～ 0.3 公分厚（圖 1、2）。

3. 奶油起司切薄片，起司片切小片。

4. 將奶油抹在作法②的每個斷面，每片的間隔內再塞入作法③的奶油起司和起司片（圖 3），再撒上作法①的培根，用鋁箔紙將馬鈴薯包起，放入冰箱冷藏。

[當天]

5. 將作法④送入已預熱烤箱，以 230 度烤 20 分鐘即完成。

YIFANG'S NOTE

風琴馬鈴薯的內餡可自行做調整，可以放入切碎的番茄和巴西里，或是火腿和芥末醬，大家可以發揮創意，放入更多更有趣的食材。

Breakfast #74

寶石牛肉

材料　分量　**1** 人份

牛絞肉·100 公克
洋蔥·40 公克
蛋·1 顆
鹽·2 小匙
黑胡椒粉·1 小匙

作法

[前一晚]

1. 洋蔥切碎，平底鍋加熱，加油，將洋蔥炒軟後取出放涼。

2. 取一料理盆，放入牛絞肉，加入作法①的洋蔥和鹽、黑胡椒粉拌勻，放入保鮮盒中冷藏。

[當天]

3. 小心將蛋白和蛋黃分開。取出作法②，將蛋白加入拌勻，蛋黃備用。

4. 將作法③放入鑄鐵烤盤，中間用手或湯匙輕壓出一個洞，放入蛋黃。

5. 放入已預熱的烤箱，以 230 度烤 12 分鐘即完成。

Tips·牛絞肉烤好後會產生很多油，若不喜歡的話可以在食用前將油倒出。

Breakfast #75

焗烤泡菜年糕

材料　分量 **1** 人份

韓式年糕・60 公克
泡菜・40 公克
生玉米粒・30 公克
鹽・1 小匙
糖・2 小匙
美乃滋・1 大匙
起司絲・50 公克

作法

［前一晚］

1. 年糕切小塊（圖 1）。

2. 泡菜取出後將湯汁稍微瀝乾，切小段。

3. 將作法②的泡菜、玉米粒放入烤盤，加入鹽、糖和美乃滋拌勻。

4. 再將作法①的年糕鋪在作法③的上層，最後鋪上起司絲，放入冰箱冷藏。

［當天］

5. 將作法④送入已預熱烤箱，以200度烤20分鐘即完成。

Tips・市售年糕有片狀和條狀，先將年糕剪成小塊會比較容易熟透。

Breakfast #76

彩椒鑲蛋

材料　分量 **1** 人份

紅椒‧1 個（小）
黃椒‧1 個（小）
蛋‧2 顆
美乃滋‧1 大匙
起司絲‧30 公克

作法

［前一晚］

1. 紅、黃椒對切，去除白囊，放入保鮮盒冷藏。

［當天］

2. 將蛋打入碗裡，加入美乃滋打勻。

3. 平底鍋加熱，將作法②的蛋液倒入，煎到半熟就馬上關火。

4. 將作法③的蛋放入紅、黃椒內，最上層鋪上起司絲，送入已預熱烤箱，以 200 度烤 8 分鐘即完成。

Tips‧無論青椒或彩椒都不要加熱過久，直接將蛋打入後放到烤箱烘烤即可。青椒或彩椒太熟會變得過軟，不好看也不好吃。

Breakfast #77

牛肉地瓜餅

材料 分量 **2** 人份

地瓜・150 公克

A ┌ 奶油・15 公克
│ 二砂糖・10 公克
└ 鹽・2 公克

玉米粉・1 大匙

牛絞肉・200 公克

洋蔥・1/2 顆

鹽・1 小匙

黑胡椒粉・1 小匙

伍斯特醬・1 小匙

作法

[前一晚]

1. 洋蔥切丁。

2. 地瓜洗淨削皮後切塊,放入蒸鍋蒸熟。

3. 取出作法②的地瓜,倒出多餘水分,趁熱加入[A]壓成泥狀,再加入玉米粉拌勻。

4. 平底鍋加熱,加油,放入作法①的洋蔥拌炒,再放入牛絞肉、鹽、黑胡椒粉和伍斯特醬,將肉炒熟。

5. 取適量作法③的地瓜泥,放在手上壓平,中間放入作法④的絞肉後包起,放入冰箱冷藏。

[當天]

6. 將作法⑤由冰箱取出,放入平底鍋煎熱,或是烤箱烤熱即可。

奶油餐包

餐包是早餐常見的主角之一，其實餐包也可以自己做，簡單、方便又好吃，沒有烘焙經驗也能輕易完成。這裡用琺瑯盒做示範，琺瑯盒可以直火加熱，又能進烤箱，最後還能方便食物的保存與收藏。琺瑯製品很好清潔，更可以減少器皿的使用。

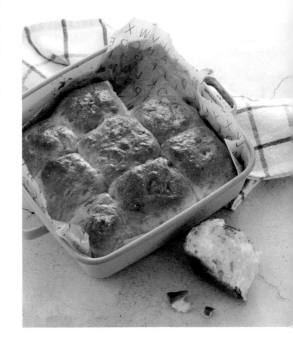

材料

奶油‧30 公克　　酵母‧3 公克
糖‧2 大匙　　　高筋麵粉‧1 又 1/2 杯
鹽‧1 小匙　　　蛋液‧少許
冰牛奶‧1/2 杯

製作小訣竅

琺瑯盒鋪上一張烘焙紙，餐包烤好後較易取出及更好清洗。

[奶油餐包製作步驟]

1. 奶油放入鍋中，以小火融化。
2. 融化後將火關掉，加入糖、鹽，再加入冰牛奶拌勻並降溫。
3. 加入酵母，攪拌後靜置 1 分鐘。

4. 加入高筋麵粉，將麵團拌勻。蓋上蓋子靜置發酵 1 小時。

5. 發酵後，用矽膠勺擠壓，將空氣排出，再蓋上蓋子，靜置發酵 30 分鐘。

6. 取出麵團，排出空氣，將麵團分成九等份。

7. 將每份麵團揉圓。

8. 在烤盤上鋪上烘焙紙，放入揉好的麵團，蓋上蓋子靜置發酵 1 小時。

9. 發酵完成後，在麵團表面抹上蛋液。

10. 放入已預熱的烤箱，以 180 度烤 30 分鐘就完成了。

Tips · 烤好的餐包要先等熱氣散去後再蓋上蓋子保存。

PART

『8』

是早餐
也是便當

可以同時準備早餐和午餐嗎？
只要主菜食材相同，再稍微改變一下早、午餐主菜的作法，
就能在短短的早晨時光同時完成豐富美味的兩餐。

menu

鮭魚酥＋鮭魚飯糰便當
雞腿排皮塔餅＋栗子燒雞便當
豬排吐司＋豬排便當
肉排吐司＋起司漢堡排便當
茄汁雞肉餐包＋親子丼便當
味噌肉片三明治＋味噌肉片炒麵便當

Breakfast #78

鮭魚酥 (早)
鮭魚飯糰便當 (午)

材料　分量 **1** 人份

主材料

鮭魚 · 200 公克
鹽 · 1 小匙
白胡椒粉 · 1 小匙

早餐材料

起司絲 · 1 大匙
酥皮 · 1 片
蛋液 · 1/2 大匙

便當材料

白飯 · 1 碗
鴻喜菇 · 30 公克
櫛瓜 · 1/2 條
奶油 · 10 公克
鹽 · 適量
黑胡椒粉 · 適量
火焰萵苣 · 2 片
小番茄 · 1 顆

作法

［前一晚］

1. 鮭魚表面撒鹽和白胡椒粉，靜置 10 分鐘後用廚房紙巾將表面水分擦乾。

2. 平底鍋加熱，鍋熱之後將鮭魚放入，轉中小火，慢慢將鮭魚兩面煎到金黃，煎熟後取出。

3. 雙手洗淨，將鮭魚剝成小塊，並除去魚刺，放入保鮮盒中冷藏。

4. 預約煮飯。

［早餐］

5. 取出酥皮，平鋪在工作檯上，從中間切開成兩個長方形（圖 a）。

6. 每片鋪上適量作法③的鮭魚，撒上起司絲（圖 b），將酥皮對折，用叉子沿著邊緣壓出痕跡，讓酥皮黏合（圖 c、d），再用叉子在表面叉出數個小洞孔（圖 e）。

7. 抹上蛋液（圖 f），放入已預熱的烤箱，以 200 度烤 10 分鐘，早餐即完成。

［午餐／鮭魚飯糰便當］

［午餐］

8. 飯糰： 白飯放入碗裡，拌入作法③的鮭魚
（圖 a），捏成飯糰（圖 b）。

9. 配菜： 鴻喜菇用手剝成小株（圖 c），櫛瓜
洗淨後切片，再對切成半圓形（圖 d）。

10. 平底鍋加熱，鍋子熱了之後轉小火，放入
奶油融化，將作法⑨的鴻喜菇和櫛瓜放入
煎到表面金黃（圖 e），撒入鹽和黑胡椒粉
（圖 f）拌勻後取出。

11. 便當： 便當盒鋪上烘焙紙，放上作法⑧的
飯糰、作法⑨的配菜，再放上對切的小番茄
及萵苣，便當即完成。

Tips · 鮭魚飯糰可依各人口味加入適量的鹽拌勻後捏成飯糰。

Breakfast #79

雞腿排皮塔餅（早）
栗子燒雞便當（午）

材料　分量 **1** 人份

主材料

無骨雞腿排 · 2 片
鹽 · 2 小匙
白胡椒粉 · 2 小匙

早餐材料

生菜 · 2 片
紅蘿蔔絲 · 少許
巴薩米克醋 · 5ml
皮塔餅 · 1 片

便當材料

白飯 · 1 碗
栗子 · 80 公克
紅蘿蔔 · 50 公克
二砂糖 · 1 小匙
醬油 · 1 大匙
高湯 · 150ml
豆皮 · 1 片
蛋 · 1 顆

A
水 · 200ml
醬油 · 1 大匙
二砂糖 · 1/2 大匙

甜豆 · 80 公克

［早餐／雞腿排皮塔餅］

作法

［前一晚］

1. 取一片雞腿排，用刀子在肉片上劃開（斷筋），但不切斷（圖 a），另一片切塊，分別撒鹽和白胡椒粉（圖 b）後放入冰箱冷藏。

2. 生菜洗淨後瀝乾，放入保鮮盒中冷藏。

3. 栗子洗淨，紅蘿蔔切塊，放入保鮮盒中冷藏。

4. 甜豆洗淨後去除豆筋，放入保鮮盒中冷藏。

5. 預約煮飯。

［早餐］

6. 平底鍋加熱，不加油，鍋子熱了之後，將作法①不切片的雞腿排帶皮面朝下放入鍋中，不要急著翻動，待油脂逼出來後再翻面，用中火將雞腿排煎熟後取出（圖 c）。

7. 皮塔餅放入烤箱，以 180 度烤 5 分鐘後取出，將皮塔餅對切後撥開（圖 d），夾入生菜及紅蘿蔔絲，將煎好的雞排切成條狀（圖 e），放入皮塔餅內（圖 f），早餐即完成。

［午餐／栗子燒雞便當］

［午餐］

8. 栗子燒雞：平底鍋加熱，將作法①切塊的雞腿放入，煎到表面金黃，放入作法③的栗子和紅蘿蔔，加入二砂糖、醬油和高湯，蓋上鍋蓋，悶煮7分鐘後開蓋，拌炒均勻即完成。

9. 豆皮蛋：豆皮放在工作檯上，用一隻筷子來回滾過（圖 a），將豆皮中間切開，輕輕將豆皮撥開（小心不要破掉，圖 b）。

10. 將蛋打入碗裡，再倒入豆皮內（圖 c），封口處用牙籤封好（圖 d）。

11. 平底鍋加熱，加油，將豆皮蛋放入煎，加入［**A**]（圖 e），醬汁煮滾後轉小火，以小火滾煮 5 ～ 7分鐘即完成豆皮蛋（圖 f）。

12. 甜豆：起一鍋水，加入少許鹽（分量外），放入作法④的甜豆汆燙 30 秒，撈起，以冰水冰鎮，瀝乾後斜切即可。

13. 便當：白飯裝入便當盒，放上作法⑧的栗子燒雞、作法⑪的豆皮蛋及作法⑫的甜豆，便當即完成。

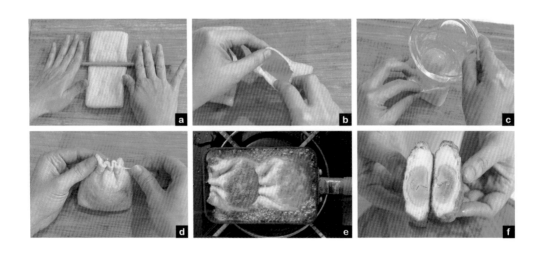

豬排吐司 早
豬排便當 午

材料　分量 **1** 人份

主材料

里肌豬排 · 2 片
鹽 · 2 小匙
白胡椒粉 · 1 小匙
麵粉 · 1 大匙
蛋液 · 1 顆
麵包粉 · 1 大匙

早餐材料

吐司 · 2 片
奶油 · 適量
高麗菜絲 · 30 公克
豬排醬 · 1 大匙

便當材料

白飯 · 1 碗
酸菜 · 40 公克
蛋 · 2 顆
牛奶 · 15ml
高麗菜 · 100 公克
蒜片 · 2 片
紅蘿蔔絲 · 適量
鹽 · 適量

作法

［ 前一晚 ］

1. 豬排表面撒鹽和白胡椒粉後斷筋（圖 a），放入保鮮盒中冷藏。

2. 高麗菜洗淨後，取 30 公克切絲放入保鮮盒中冷藏，其他高麗菜切小片放入另一個保鮮盒中冷藏。

3. 酸菜洗淨，泡水 5 ～ 10 分鐘後瀝乾，切成小段，放入保鮮盒中冷藏。

4. 預約煮飯。

［ 早餐 ］

5. 取出作法①的豬排，依序沾裹麵粉、蛋液、麵包粉（圖 b）。

6. 平底鍋加熱，放入油，約 1 公分高，用半煎炸的方式將兩片豬排炸熟後取出備用（圖 c）。

7. 兩片土司抹上奶油（圖 d），鋪上高麗菜絲和一片作法⑥的豬排，淋上豬排醬（圖 e）後夾起、對切（圖 f），早餐即完成。

［午餐╱豬排便當］

［午餐］

8. 酸菜玉子燒： 蛋打散，加入牛奶拌勻。

9. 玉子燒鍋加熱，加油，淋入少許蛋液，鋪上作法③的酸菜（圖 a），由下往上捲起，在鍋內空出的地方再次淋上蛋液（圖 b），由下往上捲起，如此重複，直到蛋液用完為止。

10. 將竹簾攤平，趁熱將作法⑨的玉子燒放在竹簾上，由下往上捲起（圖 c），竹簾兩邊用橡皮筋圈起（圖 d），靜置 10 分鐘後打開（圖 e），再切成片狀即可（圖 f）。

11. 配菜： 炒鍋加熱，加油，爆香蒜片，放入作法②的高麗菜和紅蘿蔔絲炒熟，加鹽調味即可取出。

12. 便當： 白飯裝入便當盒，放上作法⑪的配菜、一片作法⑥的豬排及作法⑩的酸菜玉子燒，便當即完成。

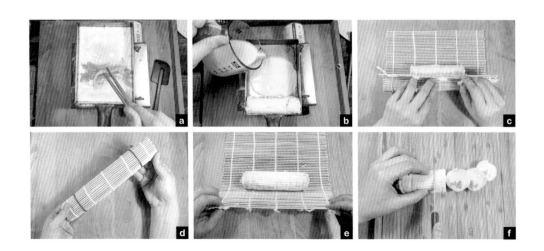

Breakfast #81

肉排吐司 早
起司漢堡排便當 午

材料　分量　**1** 人份

主材料

豬絞肉 · 250 公克
紅蘿蔔 · 30 公克
洋蔥 · 30 公克

A
香油 · 1 大匙
鹽 · 2 小匙
白胡椒粉 · 1 小匙

早餐材料

吐司 · 3 片
肉排 · 1 個
起司片 · 1 片
西生菜 · 1 片

番茄 · 1 顆
奶油 · 適量

便當材料

白飯 · 1 碗
肉排 · 1 個
起司片 · 1 片
水煮蛋 · 1 顆
紅蘿蔔 · 50 公克
蓮藕 · 50 公克
綠花椰菜 · 150 公克
雞高湯 · 300ml
鹽 · 適量

作法

［前一晚］

1. **肉排：**洋蔥切丁，紅蘿蔔切丁（圖 a）。

2. 平底鍋加熱，加油，將作法①的洋蔥炒到有點黃褐色後，再加入紅蘿蔔丁拌炒（圖 b），取出備用。

3. 將豬絞肉放入料理盆，加入 [A] 拌勻後（圖 c），將整團肉拿起再摔回料理盆中，如此重複數次，讓肉斷筋，再拌入作法②（圖 d）。

4. 取適量作法③，在兩手間互甩，擠出空氣，再捏成圓扁形，用保鮮膜將每個肉餅包好（圖 e），放入冰箱冷藏（可保存 2 星期）。

5. 綠花椰菜分切小朵，洗淨。

6. 紅蘿蔔和蓮藕洗淨後削皮，切成塊狀。

7. **配菜：**在湯鍋裡放入高湯、作法⑥的紅蘿蔔和蓮藕，加入鹽調味，煮滾後轉小火，煮 10 分鐘，關火後即可放入保鮮盒冷藏。

8. 番茄切片，放入保鮮盒，置於冰箱冷藏。

9. 預約煮飯。

Tips · 肉排可以多做，冷凍可保存一個月，每次使用前先退冰即可。

［午餐／起司漢堡排便當］

［早餐］

10. 平底鍋加熱，加油，取出 2 個作法④的肉排，將肉排煎熟（圖 a）。

11. 吐司去邊後抹上奶油，取出作法⑩的一個肉排放在吐司上（圖 b），再疊上一片吐司，放上起司片、生菜和作法⑧的番茄片，最後再蓋上一片吐司（圖 c），用竹叉固定後對切，早餐即完成。

［午餐］

12. 肉排：將起司片切成細條狀（圖 d），以格紋方式鋪在作法 10 的肉排上（圖 e、f）。

13. 配菜：煮一鍋水，加少許鹽（分量外），將作法⑤的綠花椰菜放入滾水汆燙 45 秒，撈起，以冰水冰鎮後瀝乾。

14. 便當：白飯裝入便當盒，放上作法⑫的起司肉排、作法⑦的紅蘿蔔、蓮藕、作法⑬的綠花椰菜，以及水煮蛋，便當即完成。

Tips · 起司條要趁熱鋪在肉排上，起司會有融化暈開的效果，或是在放上起司條後，以微波加熱 10 秒鐘，也會有暈化的效果喔！

茄汁雞肉餐包 早
親子丼便當 午

材料　分量　**1** 人份

主材料

水煮雞胸肉 · 200 公克 *

早餐材料

番茄醬 · 1 小匙
番茄 · 1/2 顆
洋蔥 · 20 公克
餐包 · 2 個
奶油 · 適量
生菜 · 2 片
鹽 · 適量

便當材料

白飯 · 1 碗
洋蔥 · 1/2 顆
蛋 · 2 顆
高湯 · 50ml
醬油 · 25ml
糖 · 1 大匙
鹽 · 適量
白胡椒粉 · 適量
蔥花 · 1 大匙

＊水煮雞胸肉作法請參見 P73。

［早餐／茄汁雞肉餐包］

作法

［前一晚］

1. 請參見P73的作法準備水煮雞胸肉（圖a）。

2. 生菜洗淨，放入保鮮盒中冷藏。

3. 所有洋蔥切絲，放入保鮮盒中冷藏。

4. 預約煮飯。

［早餐］

5. 取出1/3作法①的雞肉，切成薄片（圖b）。

6. 平底鍋加熱，加油，放入1/2作法③的洋蔥炒香，加入切片的番茄（圖c）、作法⑤的雞肉，以及番茄醬和鹽（圖d）炒勻後取出。

7. 餐包放入烤箱，烤好後取出，切開，抹上奶油，鋪上生菜（圖e），再放入作法⑥的雞肉（圖f），早餐即完成。

［午餐／親子丼便當］

［午餐］

8. **親子丼**：將剩餘作法①的雞胸肉切成適口大小（圖 a）。

9. 平底鍋加熱，加油，放入剩餘作法③的洋蔥稍微拌炒，放入作法⑧的雞胸肉（圖 b）。

10. 加入高湯、醬油、糖，讓雞肉吸附醬汁（圖 c）。

11. 蛋打散，淋入一半的蛋液（圖 d），蓋上鍋蓋，悶煮 3 分鐘。

12. 開蓋後再淋入剩餘的蛋液（圖 e），以鹽和白胡椒粉調味，煮到喜歡的熟度即可（圖 f）。

13. **便當**：白飯裝入便當盒，將作法⑫蓋在白飯上，再撒上蔥花就完成了。

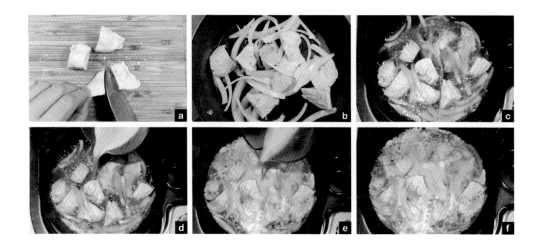

Breakfast #83

味噌肉片三明治 (早)
味噌肉片炒麵便當 (午)

材料　分量 **1** 人份

主材料

里肌肉片 · 200 公克

A
　味噌 · 1 大匙
　米酒 · 1 大匙
　醬油 · 1 小匙

橄欖油 · 少許

早餐材料

吐司 · 3 片

美乃滋 · 適量

小黃瓜 · 1/2 根

便當材料

油麵 · 120 公克

皇帝豆 · 30 公克

紅蘿蔔絲 · 10 公克

高湯 · 100ml

蛋 · 1 顆

鹽 · 適量

作法

［前一晚］

1. 用刀背將里肌肉片拍打數次，讓肉斷筋（圖a）。

2. 將［A］倒入保鮮盒中混合均勻，放入作法①的肉片醃漬（圖b），置於冰箱冷藏。

［早餐］

3. 小黃瓜洗淨後切片。

4. 取出部分作法②的肉片，淋上橄欖油，將肉平鋪在烤盤上（圖c），送入已預熱的烤箱，以230度烤10分鐘。

5. 吐司皆抹上美乃滋，將作法③的小黃瓜鋪在吐司上（圖d），再疊上1片吐司，再疊上作法④烤好的肉片，再疊上1片吐司。

6. 在吐司四個邊皆插上牙籤（圖e），斜對角切成4份（圖f），早餐即完成。

［午餐］

7. **炒麵：**炒鍋加熱，加油，放入剩餘作法②的肉片煎到半熟，放入皇帝豆和紅蘿蔔絲拌炒。

8. 加入高湯，加鹽調味，放入油麵炒勻即完成。

9. **荷包蛋：**平底鍋加熱，加油，打入1顆蛋，將蛋煎成荷包蛋即可。

10. **便當：**作法⑧的炒麵裝入便當盒，放上作法⑨的荷包蛋，便當即完成。

簡單生活、簡單調味

健康·天然·鮮活 | 百年酒莊 VS 百年油莊

來自西班牙的餐桌饗宴

頂級西班牙雪莉酒醋

古提拉雪莉酒莊
PX 雪莉酒醋
Vinagre de Jerez Res al P.X

使用PX雪莉酒醋陳年製作。在美國橡木桶中陳放4年以上,使甜味及醋味完美平衡。
香氣鮮明,口感如絲綢般滑順。可搭配肉類料理、以起司為基底的沙拉,以及風味較豐富的甜點。

橄欖油中的極品

布達馬爾它100%第一道
特級冷壓初榨橄欖油
Extra Virgin Olive Oil

- 12小時壓榨完畢的新鮮堅持。西班牙高多酚含量100%Picual單一品種。
- 可耐高溫至攝氏200度,直飲、煎煮炒炸皆適宜。
- 豐富香郁風味,草本、番茄梗外還有奇異果、水梨等多層次的香氣與口感。
- 雙品油師認證把關。
- 得獎紀錄及多項認證,掃描QR Code了解更多。

進口商 / 深杯子 (寬能企業有限公司)
訂購專線 / 02-2827-8278
購物官網 / shop.lacopaoscura.com

積木 X 深杯子
掃我看限時優惠

COPE 94.2 Jaen F.M PARA TODA LA PROVINCIA

PREMIOS MEJOR AOVE

PREMIOS POPULARES AOVE COPE / PLATA MEJOR AOVE

AENOR
Seguridad Alimentaria
UNE-EN ISO 22000

更多商品資訊
掃我下載APP

CB JAPAN CO.,LTD.

MEISTER HAND

成立於2016年，引進歐法美多國設計師餐廚用品，
以平價時尚的方式推廣新食器文化；
希望為家庭生活帶來更美好的感受。

名品花園・居家選物

店面地址：台北市中正區臨沂街61巷20-1號（採預約制）

煮人的神器鐵鍋

如果你只能有一個鍋子，
那就是這一個。

煮人的神器鐵鍋

28公分炒鍋

實木柄長14公分

柄長20.5公分

內鍋直徑28公分

AICU

 ✓ 熱鍋冷洗　　 ✓ 鋼刷鐵鏟　　 ✓ 不用養鍋

https://www.aicu.com.tw

免費線上課程｜從新手到高手，從料理到生活。

廣告回信
台灣北區郵政管理局登記證
台北廣字第000791號
免貼郵票

積木文化

104 台北市民生東路二段141號5樓

英屬蓋曼群島商家庭傳媒股份有限公司 城邦分公司

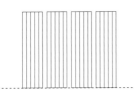

請沿虛線對摺裝訂，謝謝！

部落格　**CubeBlog**
cubepress.com.tw

臉　書　**CubeZests**
facebook.com/CubeZests

電子書　**CubeBooks**
cubepress.com.tw/books

積木生活實驗室

部落格、facebook、手機app
隨時隨地，無時無刻。

非常感謝您參加本書抽獎活動，誠摯邀請您填寫以下問卷，並寄回積木文化
（免付郵資）抽好禮。積木文化謝謝您的鼓勵與支持。

1. 購買書名：＿＿＿＿＿＿＿＿＿＿＿＿＿＿＿＿＿＿＿＿＿＿＿＿＿＿＿＿＿＿
2. 購買地點：□書店，店名：＿＿＿＿＿＿＿＿＿＿＿＿＿＿，地點：＿＿＿＿＿＿＿＿＿＿＿＿縣市
   □書展 □郵購 □網路書店，店名：＿＿＿＿＿＿＿＿＿＿＿ □其他＿＿＿＿＿＿＿＿＿
3. 您從何處得知本書出版？
   □書店 □報紙雜誌 □ DM 書訊 □朋友 □網路書訊　部落客，名稱＿＿＿＿＿＿＿＿＿＿＿＿＿
   □廣播電視 □其他＿＿＿＿＿＿＿＿＿＿＿
4. 您對本書的評價（請填代號 1 非常滿意　2 滿意　3 尚可　4 再改進）
   書名＿＿＿＿＿　內容＿＿＿＿＿　封面設計＿＿＿＿＿　版面編排＿＿＿＿＿　實用性＿＿＿＿＿
5. 您購書時的主要考量因素：（可複選）
   □作者 □主題 □口碑 □出版社 □價格 □實用 其他＿＿＿＿＿＿＿＿＿＿＿＿＿＿＿＿＿
6. 您習慣以何種方式購書？□書店 □書展 □網路書店 □量販店 □其他＿＿＿＿＿＿＿＿＿＿＿＿
7-1. 您偏好的飲食書主題（可複選）：
   □入門食譜 □主廚經典 □烘焙甜點 □健康養生 □品飲 (酒茶咖啡) □特殊食材 □ 烹調技法
   □特殊工具、鍋具，偏好 □不銹鋼 □琺瑯 □陶瓦器 □玻璃 □生鐵鑄鐵 □料理家電（可複選）
   □異國／地方料理，偏好 □法 □義 □德 □北歐 □日 □韓 □東南亞 □印度 □美國（可複選）
   □其他＿＿＿＿＿＿＿＿＿＿＿
7.2. 您對食譜／飲食書的期待：（請填入代號 1 非常重要　2 重要　3 普通　4 不重要）
   作者知名度＿＿＿＿＿　主題特殊／趣味性＿＿＿＿＿　知識＆技巧＿＿＿＿＿　價格＿＿＿＿＿　書封版面設計＿＿＿＿＿
   其他＿＿＿＿＿＿＿＿＿＿＿＿＿＿＿＿＿＿＿＿＿＿＿＿＿＿＿＿＿
7-3. 您偏好參加哪種飲食新書活動：
   □料理示範講座 □料理學習教室 □飲食專題講座 □品酒會 □試飲會 □其他＿＿＿＿＿＿＿＿＿
7-4. 您是否願意參加付費活動：□是 □否；（是──請繼續回答以下問題）：
   可接受活動價格：□ 300-500 □ 500-1000 □ 1000 以上 □視活動類型上 □無所謂
   偏好參加活動時間：□平日晚上 □週五晚上 □周末下午 □周末晚上
7-5. 您偏好如何收到飲食新書活動訊息
   □郵件文宣 □ EMAIL 文宣 □ FB 粉絲團發布消息 □其他＿＿＿＿＿＿＿＿＿＿＿＿＿＿＿＿
★歡迎來信 service_cube@hmg.com.tw 訂閱「積木樂活電子報」或加入 FB「積木生活實驗室」
8. 您每年購入食譜書的數量：□不一定會買 □ 1~3 本 □ 4~8 本 □ 9 本以上
9. 讀者資料 ˙ 姓名：＿＿＿＿＿＿＿＿＿＿＿＿＿＿
   ˙ 性別：□男 □女　˙ 電子信箱：＿＿＿＿＿＿＿＿＿＿＿＿＿＿ 電話：＿＿＿＿＿＿＿＿
   ˙ 收件地址：＿＿＿＿＿＿＿＿＿＿＿＿＿＿＿＿＿＿＿＿＿＿＿＿＿＿＿＿＿＿＿＿＿
（請務必詳細填寫以上資料，以確保您參與活動中獎權益！如因資料錯誤導致無法通知，視同放棄中獎權益。）
   ˙ 居住地：□北部 □中部 □南部 □東部 □離島 □國外地區
   ˙ 年齡：□ 15 歲以下 □ 15~20 歲 □ 20~30 歲 □ 30~40 歲 □ 40~50 歲 □ 50 歲以上
   ˙ 教育程度：□碩士及以上　□大專　□高中　□國中及以下
   ˙ 職業：□學生　□軍警　□公教　□資訊業　□金融業　□大眾傳播　□服務業　□自由業
           □銷售業　□製造業　□家管　□其他＿＿＿＿＿＿＿＿＿＿＿＿＿＿＿＿＿＿
   ˙ 月收入：□ 20,000 以下 □ 20,000~40,000 □ 40,000~60,000 □ 60,000~80000 □ 80,000 以上
   ˙ 是否願意持續收到積木的新書與活動訊息：□是　□否

＿＿＿＿＿＿＿＿＿＿＿＿＿＿＿＿＿＿＿（簽名）

YIFANG's
handmade

五味坊113

一起來‧吃早餐

早餐不設限，國民媽媽省時又營養的早餐提案

作者／宜手作｜攝影／王正毅、王竹君、梁容禎｜總編輯／王秀婷｜主編／洪淑暖｜版權／徐昉驊｜行銷業務／黃明雪｜發行人／凃玉雲｜出版／積木文化 104台北市民生東路二段141號5樓｜官方部落格：http://cubepress.com.tw／電話：(02) 2500-7696／傳真：(02) 2500-1953／讀者服務信箱：service_cube@hmg.com.tw｜發行／英屬蓋曼群島商家庭傳媒股份有限公司城邦分公司／台北市民生東路二段141號11樓／讀者服務專線：(02)25007718-9／24小時傳真專線：(02)25001990-1／服務時間：週一至週五上午09:30-12:00、下午13:30-17:00／郵撥：19863813／戶名：書虫股份有限公司／網站：城邦讀書花園／網址：www.cite.com.tw｜香港發行所‧城邦（香港）出版集團有限公司／香港灣仔駱克道193號東超商業中心1樓／電話：852-25086231／傳真：852-25789337／電子信箱：hkcite@biznetvigator.com｜馬新發行所‧城邦（馬新）出版集團 Cite (M) Sdn Bhd 41, Jalan Radin Anum, Bandar Baru Sri Petaling, 57000 Kuala Lumpur, Malaysia.／電話：603-90563833／傳真：603-90576622 email: services@cite.my｜美術設計／曲文瑩｜製版印刷／上晴彩色印刷製版有限公司｜2020年7月7日 初版一刷 2022年10月13日 初版五刷｜Printed in Taiwan.｜售價380元｜ISBN 978-986-459-229-6【紙本／電子書】｜版權所有‧翻印必究

感謝產品贊助｜名品花園‧家居選物／灣盛貿易股份有限公司

國家圖書館出版品預行編目（CIP）資料

一起來‧吃早餐
早餐不設限，國民媽媽省時又營養的早餐提案／宜手作著. -- 初版. -- 臺北市：積木文化出版：家庭傳媒城邦分公司發行, 2020.06
160面；17×23公分. --（五味坊；113）
ISBN 978-986-459-229-6（平裝）

1.食譜

427.1   109005990

城邦讀書花園
www.cite.com.tw
Printed in Taiwan.